普通高等学校规划教材

Daxue Jisuanji Jichu

大学计算机基础

主　编　周建丽
副主编　陈　松　周　翔
　　　　王　勇　鲁云平

人民交通出版社股份有限公司
China Communications Press Co.,Ltd.

内 容 提 要

　　本书是根据教育部计算机基础课程教学指导委员会提出的大学计算机基础课程教学内容编写而成。内容包括:计算机系统基础、计算机系统组成、程序设计基础、计算机网络与 Internet 基础,多媒体技术基础、计算机信息系统安全基础。

　　与同类教材比较,本书完全不涉及计算机具体操作和软件使用方法,以新的视角定性阐述计算机系统、计算机网络、多媒体技术等知识,层次清晰、通俗易懂、图文并茂,易教易学。而对具体要求操作的内容采用案例的方式,在配套的实训教材中说明并指导操作方法,以达到理论与实践结合的目的。

　　本书可作为高等学校非计算机专业大学计算机基础课程教材,也可以供其他需求的读者学习使用。

图书在版编目(CIP)数据

　　大学计算机基础 / 周建丽主编. --北京 : 人民交通出版社股份有限公司,2015.5
　　ISBN 978-7-114-12215-6

　　Ⅰ.①大… Ⅱ.①周… Ⅲ.①电子计算机 – 高等学校 – 教材 Ⅳ.①TP3

　　中国版本图书馆 CIP 数据核字(2015)第 090014 号

书　　　名:	大学计算机基础
著 作 者:	周建丽　陈 松　周 翔　王 勇　鲁云平
责 任 编 辑:	刘永芬
出 版 发 行:	人民交通出版社股份有限公司
地　　　址:	(100011) 北京市朝阳区安定门外外馆斜街 3 号
网　　　址:	http://www.ccpress.com.cn
销 售 电 话:	(010) 59757973
总 经 销:	人民交通出版社股份有限公司发行部
经　　　销:	各地新华书店
印　　　刷:	北京鑫正大印刷有限公司
开　　　本:	787×1092　1/16
印　　　张:	9.25
字　　　数:	213 千
版　　　次:	2015 年 5 月　第 1 版
印　　　次:	2018 年 7 月　第 4 次印刷
书　　　号:	ISBN 978-7-114-12215-6
定　　　价:	20.00 元

(有印刷、装订质量问题的图书由本公司负责调换)

前　　言

　　随着计算机技术和网络技术的快速发展,高等学校学生计算机知识起点不断提高,教育部高等学校计算机教学指导委员会于 2003 年发布了"关于进一步加强高等学校计算机基础教学的意见"的计算机基础教育白皮书(简称白皮书),对规范未来几年我国高校的计算机基础教育工作提出了指导性意见。

　　根据白皮书精神,在课程设置方面,我国高校过去贯彻的三层次模式将归纳为 4 个领域、3 个层次和 6 门核心课程,根据不同的学科选择相应的核心课程组织教学。6 门核心课程的第一门是"大学计算机基础",它取代了原来的"计算机文化基础"课程。"大学计算机基础"课程更加系统、深入地介绍计算机科学与技术的基本概念、基本原理、技术和方法,并配合相应的实验课强化学生的动手能力,以便培养学生操作计算机的技能。

　　根据白皮书的精神,针对我校具体的教学计划,课程组编写了"大学计算机基础"和"大学计算机基础实训"教材。其主导思想是:反映当代计算机学科的最新信息和技术,让学生不仅要掌握计算机的基本操作方法,还要掌握计算机的基本理论知识、基本工作原理、基本应用方法,为深入学习后续课程打下基础,以培养学生的综合素质,满足信息社会对高等教育人才质量的需求。

　　本书详细介绍了计算机热点技术、计算机文化等知识,系统介绍了计算机硬件和软件知识,对计算机工作原理、微型计算机系统的硬件和软件组成等内容进行了较深入的介绍,对程序设计基础也进行了较系统的介绍。对网络的基础知识也进行了深入浅出的讲解,最后介绍了多媒体技术和计算机信息系统安全知识。

　　本书由周建丽担任主编,参加编写工作的还有陈松、周翔、王勇、鲁云平等,全书由周建丽统稿完成。由于新教材涉及的知识面广,内容较多,要将众多的知识很好地融合,难度较大,不足之处在所难免,恳请各位同仁批评指正,多提宝贵意见。

　　课程组的刘玲、余沛、张颖淳、朱振国、杨芳明、王政霞、刘华、李伟、贺清碧等参与了本教材的规划,提出了许多宝贵意见和具体方案,并参加了收集资料等工作,在此一并表示感谢。

　　如有问题请与作者联系,联系邮箱:xxzzzhou3@cqjtu.edu.cn。

编　者
2015 年 1 月于重庆交通大学

目　　录

第1章 计算机系统基础

1.1 计算机概述

电子计算机(Electronic Computer)简称计算机,是一种处理信息的电子机器,它能自动、高速、精确地对信息进行存储、传送与加工处理。计算机及其应用已渗透到社会生活的各个领域,有力推动了信息化社会的发展。21世纪,掌握以计算机为核心的信息技术基础知识,具备使用计算机的应用能力,是当代大学生应该具备的基本素质。

1.1.1 计算机的发展历程

1)计算机的产生

计算是人类生产活动中必须进行的工作,从古代的结绳计数开始,人类一直在寻求先进的计算工具。最早的计算工具可以追溯到中国唐代发明的算盘,算盘是世界上第一种手动式计数器,迄今还在使用中。1622年,英国数学家奥特瑞德(William Oughtred)根据对数表设计了计算尺,可进行加减、乘除、指数、三角函数等运算,沿用到20世纪70年代才由计算器所取代。1642年,法国哲学、数学家帕斯卡(Blaise Pascal)发明了世界上第一个加法器,它采用齿轮旋转进位方式执行运算,但只能做加法运算。1673年,德国数学家莱布尼茨(Gottfried Leibniz)在帕斯卡的发明基础上设计制造了一种能演算加、减、乘、除和开方的计算器。

1834年,由英国剑桥大学的查尔斯·巴贝奇(Charles Babbage)教授设计的分析机是现代通用计算机的雏形。巴贝奇是国际计算机界公认的、当之无愧的计算机之父(图1-1),他在阿达·奥古斯塔(Ada Augusta)的协助和支持下,于1812年首先设计出了差分机,并在1822年制成了机器的一小部分。开机计算后,其工作的准确性达到了计划的要求。1834年,巴贝奇在研制差分机的工作中,看到了制造一种新的、在性能上大大超过差分机的计算机的可能性。他把这个未来的机器称为分析机。巴贝奇设计的分析机有3个主要部分:第一部分是由许多轮子组成的保存数据的存储库;第二部分是运算装置;第三部分是对操作顺序进行控制,并能选择所需处理的数据以及输出结果的装置。巴贝奇还把程序控制的思想引入了分析机,它的设想是采用穿孔卡片把指令存到存储库中,机器根据穿孔卡片上孔的图形确定该执行什么指令,并自动运算。分析机的结构、设计思想把现代计算机的结构、设计思想提了出来,可以说是现代通用计算机的雏形。然而,由于缺乏政府和企业的资助,巴贝奇直到逝世,也未能最终研制出他所设计的计算机。

约100年后,美国哈佛大学的霍华德·艾肯(Howard Aiken)博士在图书馆里发现了巴贝奇的论文,并根据当时的科技水平,提出了要用机电方式,而不是用纯机械方法来构造新的分析机。艾肯在IBM公司的资助下,于1944年研制成功了被称为计算机"史前史"里最后一台著名计算机 MARK Ⅰ，将巴贝奇的梦想变成了现实。后来艾肯继续主持 MARK Ⅱ 和 MARK Ⅲ等计算机的研制，但它们已经属于电子计算机的范畴。

图1-1　巴贝奇和他的计算机

第二次世界大战期间，英国科学家艾兰·图灵（Alan Mathison Turing，1912—1954）为了能彻底破译德国的军事密电，设计并完成了真空管机器 Colossus，多次成功地破译了德国作战密码，为反法西斯战争的胜利做出了卓越的贡献。他在计算机科学方面的主要贡献有两个：一是建立图灵机（Turing Machine，TM）模型，奠定了可计算理论的基础；二是提出图灵测试，阐述了机器智能的概念。

图灵机的概念是现代可计算性理论的基础。图灵证明，只有 TM 能解决的计算问题，实际计算机才能解决；如果 TM 不能解决的计算问题，则实际计算机也无法解决。TM 的能力概括了数字计算机的计算能力。因此，图灵机对计算机的一般结构、可实现性和局限性都产生了深远的影响。

1950 年 10 月，图灵在哲学期刊《Mind》上发表了一篇著名论文 "Computing Machineryand Intelligence"（计算机器与智能），指出如果一台机器对于质问的响应与人类做出的响应完全无法区别，那么这台机器就具有智能。今天人们把这个论断称为图灵测试（Turing Test），它奠定了人工智能的理论基础。

为纪念图灵对计算机的贡献，美国计算机学会（ACM）于 1966 年创立了"图灵奖"，该奖项每年颁发给在计算机科学领域的领先研究人员，号称计算机业界和学术界的诺贝尔奖。

最近的研究表明，电子计算机的雏形应该是由保加利亚裔美国人、衣阿华大学教授约翰·阿塔诺索夫（John V. Atanasoff）和他的研究生克里福特·伯瑞（Clifford E. Berry）在 1941 年制作成功的 ABC 计算机（Atanasoff-Berry Computer）。1939 年，阿塔诺索夫和伯瑞开始为数学物理研究设计电子管数字计算机，并于 1941 年制作成功。所以，ABC 计算机可能更应该被称为世界上第一台电子计算机。

另一个也被称为计算机之父的是美籍匈牙利数学家冯·诺依曼（Von Neumann，1903—1957）。他和他的同事们研制了人类第二台电子计算机 EDVAC，对后来的计算机在体系结构和工作原理上具有重大影响。在 EDVAC 中采用了"存储程序"的概念，以此概念为基础的各类计算机统称为冯·诺依曼机。50 多年来，虽然计算机系统从性能指标、运算速度、工作方式、应用领域等方面与当时的计算机有很大差别，但基本结构没有变，都属于冯·诺依曼计算机。但是,冯·诺依曼自己也承认,他的关于计算机"存储程序"的想法都来自图灵。

目前,业界公认的第一台电子计算机是 1946 年研制的"ENIAC"(Electronic Numerical Integrator And Calculator,电子数字积分计算机)。当时进行的第二次世界大战急需高速准确的计算工具以满足对弹道问题的计算,在美国陆军部的资助下,由美国宾夕法尼亚大学的物理学家约翰·莫克特(Johon Mauchly)和工程师普雷斯伯·埃克特(Preper Eckert)领导研制成功了第一台数字式电子计算机。

ENIAC 的功能大大超过了以往任何一台计算机,运算速度达 5000 次/s 的加法运算,3ms 就可进行一次乘法运算,将使用手工计算机需要 20min 计算的弹道问题缩短到 30s。ENIAC 由 18000 多个电子管、1500 多个继电器组成,耗电 150kW、占地 160m²、重达 30t,是一个庞然大物。ENIAC 计算机具有划时代的意义,它宣告了电子计算机时代的到来,为半个多世纪以来计算机的高速发展迈出的第一步。

2)计算机的发展

自从 1946 年第一台计算机问世以来,计算机科学与技术已成为 21 世纪发展最快的一门学科,尤其是微型计算机的出现和计算机网络的应用,使计算机的应用渗透到社会的各个领域,但是计算机的结构和工作原理并没有改变,只是电子器件的发展,促使了计算机的不断发展。根据计算机采用的物理器件,一般将计算机的发展分为四个阶段。

(1)第一代(1946 年~1953 年)

第一代电子计算机是电子管计算机。其基本特征是采用电子管作为计算机的逻辑元件;数据表示主要是定点数;用机器语言或汇编语言编写程序。第一代电子计算机体积庞大,造价很高,主要用于军事和科学研究工作。其代表机型有 IBM 650(小型)、IBM 709(大型机)等。

(2)第二代(1954 年~1963 年)

第二代电子计算机是晶体管电路电子计算机。其基本特征是逻辑部件逐步由电子管改为晶体管,内存所使用的器件大多使用铁淦氧磁性材料制成的磁芯存储器。外存储器有了磁盘、磁带,外设种类也有所增加。与此同时,计算机软件也有了较大的发展,出现了 FORTRAN、COBOL、ALGOL 等高级语言。与第一代计算机相比,晶体管电子计算机体积小、成本低、功能强、可靠性大大提高。除了科学计算外,还用于数据处理和事务处理。其代表机型有 IBM 7090、CDC 76000 等。

(3)第三代(1964 年~1970 年)

第三代电子计算机是集成电路计算机。随着固体物理技术的发展,集成电路工艺已可以在几平方毫米的单晶硅片上集成由十几个甚至上百个电子元件组成的逻辑电路。其基本特征是逻辑元件采用小规模集成电路 SSI(Small Scale Integration)和中规模集成电路 MSI(Middle Scale Integration)。第三代电子计算机的运算速度每秒可达几十万次到几百万次。存储器进一步发展,体积越来越小,价格越来越低,而软件越来越完善。这一时期,计算机同时向标准化、多样化、通用化、机种系列化发展。高级程序设计语言在这个时期有了很大发展,并出现了操作系统和会话式语言,计算机开始广泛应用在各个领域。其代表机型有 IBM 360。

(4)第四代(1971 年至今)

第四代电子计算机称为大规模集成电路电子计算机。20 世纪 70 年代以来,计算机逻辑器件采用大规模集成电路(Large Scale Integration,LSI)和超大规模集成电路(Very Large Scale Integration,VLSI)技术,在硅半导体上集成了大量的电子元器件。集成度很高的半导体存储器代替了服役达 20 年之久的磁芯存储器。目前,计算机的速度最高可以达到每秒几十万亿次浮点运算。操作系统不断完善,应用软件已成为现代工业的一部分。

1.1.2　计算机的分类

随着计算机技术发展和应用的深入,计算机的类型越来越多样化。早期的计算机按照它们的计算能力进行分类,将每秒运行亿次以上的计算机称为巨型机,而以下依次划分为大型机、中型机、小型机和微型机。随着硬件技术发展,目前微型机的速度都达到了每秒钟几十亿次,巨型机达到了百万亿次以上,速度的差距正在不断缩小,沿用过去的分类方法显然不太科学。目前,计算机正朝着大型化和微型化发展。另外,自从计算机诞生以来,信息技术产业的发展一直非常迅速,各种新技术层出不穷,计算机性能不断提高,应用范围渗透到各行各业,因此,很难对计算机进行一个精确的类型划分。

综合考虑计算机的性能、应用和市场分布情况,目前大致可以将计算机分类为:高性能计算机、微型机、嵌入式系统等。

1)高性能计算机

高性能计算机是指目前速度最快、处理能力最强的计算机。目前计算机运算速度最高的是日本 NEC 的 Earth Simulator(地球模拟器),它实测运算速度可达到每秒 35 万亿次浮点运算,峰值运算速度可达到每秒 40 万亿次浮点运算。高性能计算机数量不多,但却有重要和特殊的用途。在军事上,可用于战略防御系统、大型预警系统、航天测控系统等。在民用方面,可用于大区域中长期天气预报、大面积物探信息处理系统、大型科学计算和模拟系统等。

中国的巨型机之父是 2004 年国家最高科学技术奖获得者金怡濂院士。他在 20 世纪 90 年代初提出了一个我国超大规模巨型计算机研制的全新的跨越式的方案,这一方案把巨型机的峰值运算速度从 10 亿次/s 提升到 3000 亿次/s 以上,跨越了两个数量级,闯出了一条中国巨型机赶超世界先进水平的发展道路。

近年来,我国巨型机的研发也取得了很大的成绩,推出了"曙光"、"联想"等代表国内最高水平的巨型机系统,并在国民经济的关键领域得到了应用。联想的深腾 6800 实际运算速度为 4.183 万亿次/s,峰值运算速度为 5.324 万亿次/s。2004 年 11 月,在上海超级计算中心落户的曙光 4000 A 采用 2560 颗 64 位 AMD Opteron 处理器,运算速度达到 8 万亿次/s,当时全球排名第十。2013 年,国防科技大学研制的"天河二号"峰值计算速度达到 3.39 亿亿次/s。

2)微型计算机(个人计算机)

微型计算机又称个人计算机(Personal Computer, PC)。自 IBM 公司 1981 年采用 Intel 的微处理器推出 IBM PC 以来,微型计算机因其小、巧、轻、使用方便、价格便宜等优点在过去 30 多年中得到迅速的发展,成为计算机的主流。今天,微型计算机的应用已经遍及社会的各个领域,从工厂的生产控制到政府的办公自动化,从商店的数据处理到家庭的信息管理,几乎无所不在。

微型计算机的种类很多,主要分为三类:台式机(Desktop Computer)、笔记本(Notebook)电脑和平板电脑、移动电话等。

3)嵌入式系统

嵌入式系统是将微机或某个微机核心部件安装在某个专用设备之内,对这个设备进行控制和管理,使设备具有智能化操作的特点。例如在手机中嵌入 CPU、存储器、图像、音频处理芯片、操作系统等计算机的芯片或软件,就使手机具有上网、摄影、播放等功能。嵌入式计算机系统在我们的生活中应用最广泛,工业控制 PC 机、单片机、POS 机(电子收款机)、ATM机(自动柜员机)、全自动洗衣机、数字电视机、数码照相机等都属于嵌入式系统。嵌入式计算机与通用计算机最大的区别是运行固化的软件,用户很难或不能改变。

1.1.3　计算机的应用

计算机的应用已渗透到社会的各个领域,正在改变人们的工作、学习和生活的方式,推动着社会发展,可以不夸张地说,计算机在现代人的生活中已经成为一个必不可少的工具,充斥在人们生活的各个角落,其应用领域非常宽广,归纳起来主要有以下几个方面。

1)科学计算(数值计算)

科学计算即数值计算,指用于完成科学研究和工程技术中提出的数学问题的计算,它是电子计算机应用最为基础的领域。计算机计算的高速度、高精度是目前人工以及任何一种其他的计算工具都做不到的。随着社会的进步,科学技术的发展,各领域中计算的类型日趋复杂,人工或一般的计算工具无法解决这些复杂而又十分庞大的问题,而电子计算机就是一个十分得力的助手,这尤其表现在天文学、量子科学、地震、大气物理等领域中。例如 24h 内的气象预报,要求解描述大气运动规律的微分方程,以得到天气及其他数据,预报下一个 24h内的天气状况,如果用过时的电动计算机(机械运动速度高于人工)需要几个星期,这样计算出来的数据已毫无价值,而用一般的中小型计算机只需几分钟就能得到近 24h 的准确数据。

2)数据处理

数据处理即非数值计算,指对大量的数据进行加工处理,如分析、合并、分类、统计、查询、筛选等,而形成有用的信息。与科学计算不同,科学计算处理要求运行速度快、精度高,而数据处理的数据量大,计算方法简单。

早在 20 世纪 50~60 年代,大银行、大公司和政府机关就纷纷利用计算机来处理账册、管理仓库或统计报表。目前数据处理广泛应用于办公自动化、企业管理、文物管理、情报检索、电子政务、电子商务中,从数据的收集、存储、整理到检索统计,应用范围日益扩大,很快超过了科学计算,成为最大的计算机应用领域。电子计算机从发明之初用于数值计算而后进入数据处理是计算机发展史上的一个里程碑。

3)辅助工程

现在应用比较广泛的计算机辅助工程有计算机辅助设计(Computer Aided Design,CAD),计算机辅助制造(Computer Aided manufacturing,CAM)、计算机辅助教育 CBE(Computer-Based Education,CBE)等。

CAD 是指用计算机来帮助各类人员进行设计,是目前应用得最好、最为广泛的计算机辅助工程。广泛应用在飞机设计、船舶设计、建筑设计、机械设计、汽车设计、大规模集成电路设计等领域。采用 CAD 后不但降低了设计人员的工作量,提高了设计速度,更重要的是提高了设计质量。

CAM 是指用计算机对生产设备进行管理、控制和操作的技术。应用得最为广泛的是 20 世纪 50 年代出现的数控机床,由于数控机床具有精度高、质量好等特点,又可用 APT(Automatically Programmed Tools)语言自动编辑,特别适合批量小、品种多、形状复杂的零件。

作为计算机在制造技术中应用的一个重要领域是计算机集成制造系统(Computer Integrated Memutacturing System, CIMS)。CIMS 是集设计(CAD)、制造(CAM)、管理(Business DataProcessing, BDP)3 个功能于一体的现代化生产系统,从 20 世纪 80 年代迅速发展起来成为一种新的生产模型,具有生产效率高、生产周期短等优点,是 21 世纪制造工业的主要生产模式。

CBE 包含计算机辅助教学(Computer Assisted Instruction, CAI)、计算机辅助测试(Computer Flied Test, CAT)和计算机管理教学(Computer Management Instruction, CMI)。CBE 技术可以对整个教学系统以至学校全面的工作进行管理;可以方便地把教学内容编辑成教学软件,让学习者根据自己的需要与爱好选择不同的内容,在计算机的帮助下开展学习;也可以在网络支持下开展远程网上教育。

4)过程控制

过程控制又称实时控制,指利用计算机实时采集检测数据,按最佳值迅速地对控制对象进行自动控制或调节。计算机过程控制已经在冶金、石油、化工、纺织、水电、机械、航天等领域得到广泛应用。利用计算机进行过程控制,不仅可以大大提高控制的自动化水平,而且可以提高控制的及时性和准确性,从而改善劳动条件,提高质量,节约能源,降低成本。

5)人工智能

人工智能一般指模拟人脑进行演绎推理和采取决策的思维过程。在计算机中存储一些定理和推理原则,然后设计程序让计算机自动探索解题方法,人工智能是计算机应用研究的前沿科学。

目前人工智能应用得比较好的是机器人和模式识别。机器人可以看成由计算机控制的模仿人的行为动作的机器,其中应用得最好的是"工业机器人"。它由事先编好的程序控制,去完成一些重复性的操作,这在生产流水线上十分有用,可以提高生产效率、保证产品质量。另一类所谓的"智能机器人"具有感知、识别的能力,在这方面的工作进展较缓慢,与人的智能比起来,智能机器人的智能仅仅是一个几岁的婴儿,因此还有许多工作等待我们去做。

模式识别就是研究图形(包括符号、图像)识别和语音识别,实质是抽取被识别对象的特征,与已知对象的特征进行比较与判别。如智能机器人的视觉系统与听觉系统,就是对从外界获取的图形、图像与语音进行识别后做出正确的动作。模式识别还可广泛用于指纹识别、眼底识别、面相识别等系统中,计算机的语音输入,手写体输入也属于这一类。

人工智能还包括专家系统、智能检索、自然语言处理、机器翻译、定理证明等。

1.1.4　计算机发展趋势

随着计算机技术的发展以及信息社会对计算机不同层次的需求,当前计算机正在向巨型化、微型化、网络化和智能化方向发展。

1) 巨型化

巨型化是指计算机向高速运算、大存储量、高精度的方向发展。其运算能力一般在百亿次/s 以上。巨型计算机主要用于尖端科学技术的研究开发,如模拟核试验、破解人类基因密码等。巨型计算机的发展集中体现了当前计算机科学技术发展的最高水平,推动了计算机系统结构、硬件和软件理论及技术、计算数学以及计算机应用等多个学科分支的发展。巨型机的研制水平标志着一个国家的科技水平和综合国力。

2) 微型化

微型化是指计算机向使用方便、体积小、成本低和功能齐全的方向发展。由于大规模和超大规模集成电路的飞速发展,微处理器芯片连续更新换代,微型计算机成本不断下降,加上功能强大且易于操作的软件和处围设备(即外设),使微型计算机得到更广泛应用,其中,笔记本电脑、平板电脑及智能手机以更优的性能价格比受到人们的青睐。

3) 网络化

网络化是指利用通信技术和计算机技术,把分布在不同地点的计算机互联起来,按照网络协议相互通信,以达到所有用户均可共享软件、硬件和数据资源的目的,方便快捷地实现信息交流。随着互联网及物联网的迅猛发展和广泛应用,无线移动通信技术的成熟以及计算机处理能力的不断提高,面向全球化应用的各类新型计算机和信息终端已成为主要产品。特别是移动计算机网络、云计算等已成为产业发展的重要方向。

4) 智能化

智能化是要求计算机具有人工智能,能模拟人的感觉。具有类似人的思维能力,集"说、听、想、看、做"为一体,即让计算机能够进行研究、探索、联想、图像识别、定理证明和理解人的语言等功能,这也是第五代计算机要实现的目标。

总之,未来的计算机将是微电子技术、光学技术、超导技术和电子仿生技术等相结合的产物,将产生人工智能计算机、多处理机、超导计算机、纳米计算机、光计算机、生物计算机、量子计算机等。可以预测 21 世纪的计算机技术将给我们的世界再次带来巨大的变化。

1.2 计算机热点技术

计算机应用技术日新月异,目前常用的热点技术有中间件技术、普适计算、网格计算、云计算、物联网、大数据等,比较热门的技术有云计算、大数据、物联网等。

1.2.1 云计算

云是网络、互联网的一种比喻说法。狭义云计算指 IT 基础设施的交付和使用模式,指通过网络以按需、易扩展的方式获得所需资源;广义云计算指服务的交付和使用模式,指通过网络以按需、易扩展的方式获得所需服务。这种服务可以是 IT 和软件、互联网相关,也可是其他服务。它意味着计算能力也可作为一种商品通过互联网进行流通。对于到底什么是云计算,至少可以找到 100 种解释。目前广为认同的是中国云计算专家咨询委员会副主任、秘书长刘鹏教授给出的定义:"云计算是通过网络提供可伸缩的廉价的分布式计算能力。"

云计算是一个新名词,却不是一个新概念。云计算这个概念从互联网诞生以来就一直存在。很久以前,人们就开始购买服务器存储空间,然后把文件上传到服务器存储空间里保存,需要的时候再从服务器存储空间里把文件下载下来。从技术上看,大数据与云计算的关系就像一枚硬币的正反面一样密不可分。大数据必然无法用单台的计算机进行处理,必须采用分布式计算架构。它的特色在于对海量数据的挖掘,但它必须依托云计算的分布式处理、分布式数据库、云存储和虚拟化技术。

最简单的云计算技术在网络服务中已经随处可见,并为我们所熟知,比如搜寻引擎、网络信箱等,使用者只要输入简单指令即可获得到大量信息。而在未来"云计算"的服务中,"云计算"就不仅是做资料搜寻工作,还可以为用户提供各种计算技术、数据分析等服务。透过"云计算",人们利用手边的 PC 机和网络就可以在数秒之内,处理数以千万计甚至亿计的信息,得到和"超级计算机"同样强大效能的网络服务,获得更多、更复杂的信息计算的帮助。比如分析 DNA 的结构、基因图谱排序、解析癌症细胞等。就普通百姓常用而言,在云计算下,未来的手机、GPS 等行动装置都可以发展出花样翻新、目不暇接的各色应用服务。

1.2.2　大数据

最早提出大数据概念的学科是天文学和基因学,这两个学科从诞生之日起就依赖于基于海量数据的分析方法。人们在日常生活中所做的一切都会留下数字痕迹(或者数据),也就是大数据,因此可以利用和分析这些数据来让人们的生活更加美好。

大数据是计算机和互联网结合的产物,计算机实现了数据的数字化,互联网实现了数据的网络化,两者结合才赋予了大数据生命力!随着互联网如同空气、水、电一样无处不在地渗入人们的工作和生活,加上移动互联网、物联网、可穿戴联网设备的普及,新的数据正在以指数级别的加速度产生。据说目前世界上 90% 的数据是互联网出现以后迅速产生的。不过,抛开数据的海量化生产和存储这种表面现象,人们更要关注的是由数据量变带来的质变,这种质变表现在以下三个方面:

1)数据思维

大数据时代带给人们的是一种全新的思维方式,思维方式的改变在下一代成为社会生产中流砥柱的时候,就会带来产业的颠覆性变革。历来的商业变革都是由思维方式的转变开始的,旧的经济体制和传统的商业理念面临新的商业思维逻辑时,如果大脑不能与时俱进,吸收并转变为顺应潮流的新思维,通过新思维重新组织企业组织的战略、结构、文化和各种策略,那么貌似强大的体魄反而会变成企业前进的累赘。这种新思维颠覆巨头的案例最先发生在信息技术的传统领域,然后渗透到传统的商业领域:黑莓(Blackberry)、摩托罗拉、诺基亚、柯达、雅虎……案例比比皆是。当然,这些企业的没落并不是因为没有数据思维,但他们都是被新互联网思维淘汰的昔日巨人。

2)数据资产

大数据时代,我们需要更加全面的数据来提高分析(预测)的准确度,因此我们就需要更多廉价、便捷、自动的数据生产工具。除了我们在互联网虚拟世界使用浏览器、软件有意或者无意留下的各种个人信息数据之外,我们正在用手机、智能手表、智能手环、智能项链等各种可穿戴数码产品生产数据;我们家里的路由器、电视机、空调、冰箱、饮水机、吸尘器、智能玩具等也开始越来越智能,并且具备了联网功能,这些家用电器在更好地服务我们的同时,也在生产大量的数据;甚至我们出去逛街,商户的路由器、运营商的 WLAN 和 3G、无处不在的摄像头电子眼、百货大楼的自助屏幕、银行的 ATM、加油站以及遍布各个便利店的刷卡机都在收集和生产数据。在互联网领域,我们喜欢说入口这个词,入口对应的直接意义是流量,而流量在互联网领域就意味着金钱,这种流量变现可能是广告,可能是游戏,也可能是电商。在大数据时代,入口这个词还有更深刻的意义,那就是数据生产的源头,用户在通过某个 APP 或者硬件产品满足某种需求的同时,也会留下一系列相关的数据,这些数据的合理使用可以让拥有这部分数据的企业获得更大的商业利益。

3)数据变现

有了数据资产,就要通过分析来挖掘资产的价值,然后变现为用户价值、股东价值甚至社会价值。大数据分析的核心目的就是预测,在海量数据的基础上,通过机器学习相关的各种技术和数学建模来预测事情发生的可能性,并采取相应措施。预测股价、预测机票价格、预测流感等。预测事情发生的可能性继续往下延伸,就可以通过适当的干预,来引导事情向着期望的方向发展。比如亚马逊和所有的电商一样,都会基于对用户的喜好及消费能力分析来推荐商品,引导用户提高消费金额;Google 等互联网巨头也会通过各种技术手段来试图向不同的用户展现不同的广告,并称之为精准营销,由此来提高点击率(公司收入);网游公司也会在运营工程中通过玩家行为数据的分析来及时调整游戏关卡及计费点等设计。

以下均为大数据应用的真实案例:

健身腕带可以收集有关我们走路或者慢跑的数据,例如我们走了多少步、每天燃烧了多少热量、我们的睡眠模式或者其他数据,然后结合这些数据与健康记录来改善我们的健康状况。

在学校,流媒体视频课程和数据分析可以帮助教师跟踪学生的学习情况,根据他们的能力水平定制教学内容,以及预测学生的执行情况。

当我们每天在公路上开车时,我们的智能手机会发送我们的位置信息以及速度,然后结合实时交通信息为我们提供最佳路线,从而避免堵车。

当我们购物时,我们的数据会结合历史购买记录和社交媒体数据来为我们提供优惠券、折扣和个性化优惠。

奥巴马在 2012 年总统竞选中使用大数据分析来收集选民的数据,再加上一流的分析引擎,让他可以专注于最有可能投他的选民。

谷歌的自动驾驶汽车分析来自传感器和摄像头的实时数据,以在道路上安全驾驶。

智能电视和机顶盒能够追踪你正在看的内容,看了多长时间,甚至能够识别多少人坐在电视机前,来确定这个频道的流行度。

在希腊,政府部门可以使用 Google Earth 来查看哪位纳税人的后院有游泳池,并对其纳税记录进行核对。

最终,我们都将从大数据分析中获益。如果我们的银行能更好地了解风险,我们的经济将更加强大。如果政府能够降低其欺诈开支,我们的税收也会降低。如果疾病能够更早治疗,我们将会更加健康。

1.2.3　物联网

"物联网"是在"互联网"的基础上,将其用户端延伸和扩展到任何物品与物品之间,进行信息交换和通信的一种网络概念。

简单地说，物联网(Internet of Things)是一个基于互联网、传统电信网等信息承载体，让所有能够被独立寻址的普通物理对象实现互联互通的网络。物联网概念的问世，打破了之前的传统思维。过去的思路一直是将物理基础设施和 IT 基础设施分开，一方面是机场、公路、建筑物，另一方面是数据中心，个人计算机、宽带等。而在物联网时代，钢筋混凝土、电缆等将与芯片、宽带整合为统一的基础设施，在此意义上，基础设施更像是一块新的地球。故也有业内人士认为物联网与智能电网均是智慧地球的有机构成部分。

近几年推行的智能家居其实就是把家中的电器通过网络控制起来。可以想见，物联网发展到一定阶段，家中的电器可以和外网连接起来，通过传感器传达电器的信号。厂家在厂里就可以知道你家中电器的使用情况，也许在你之前就能知道你家电器的故障。

物联网的应用其实不仅是一个概念，它已经在很多领域得到运用，只是并没有形成大规模运用。

下面是物联网运用的案例：

物联网传感器产品已率先在上海浦东国际机场防入侵系统中得到应用。机场防入侵系统铺设了 3 万多个传感节点，覆盖了地面、栅栏和低空探测，可以防止人员的翻越、偷渡、恐怖袭击等攻击性入侵。而就在不久之前，上海世博会也与无锡传感网中心签下订单，购买防入侵微纳传感网 1500 万元产品。

ZigBee 路灯控制系统点亮济南园博园。ZigBee 无线路灯照明节能环保技术的应用是此次园博园中的一大亮点。园区所有的功能性照明都采用了 ZigBee 无线技术达成的无线路灯控制。

智能交通系统(ITS)是利用现代信息技术为核心，利用先进的通信、计算机、自动控制、传感器技术，实现对交通的实时控制与指挥管理。交通信息采集被认为是 ITS 的关键子系统，是发展 ITS 的基础，成为交通智能化的前提。无论是交通控制还是交通违章管理系统，都涉及交通动态信息的采集，交通动态信息采集也就成为交通智能化的首要任务。

云计算是物联网发展的基石，而物联网又促进着云计算的发展，在大数据时代，两者的融合发展必然能推动数据价值进一步显现。

云计算是实现物联网的核心，运用云计算模式使得物联网中各类物品的实时动态管理和智能分析变得可能。云计算为物联网提供了可用、便捷、按需的网络访问，如果没有这个工具，物联网产生的海量信息便无法传输、处理和应用。

1.3 计算机文化

1.3.1 计算机文化现象

1)计算机文化概念

所谓计算机文化，就是人类社会的生存方式因使用计算机而发生根本性变化所产生的一种崭新的文化形态，这种崭新的文化形态可以体现为：

(1)计算机理论及其技术对自然科学、社会科学的广泛渗透表现的丰富文化内涵；

（2）计算机的软、硬件设备，作为人类所创造的物质设备丰富了人类文化的物质设备品种；

（3）计算机应用介入人类社会的方方面面，从而创造和形成的科学思想、科学方法、科学精神、价值标准等成为一种崭新的文化观念。

计算机文化作为当今最具活力的一种崭新文化形态，加快了人类社会前进的步伐，其所产生的思想观念、所带来的物质基础条件以及计算机文化教育的普及有利于人类社会的进步、发展。同时，计算机文化也带来了人类崭新的学习观念：面对浩瀚的知识海洋，人脑所能接受的知识是有限的，我们根本无法"背"完，计算机这种工具可以解放我们"背"的繁重的记忆性劳动，人脑应该更多地用来完成"创造"性劳动。

计算机文化代表一个新的时代文化，它已经将一个人经过文化教育后所具有的能力由传统的读、写、算上升到了一个新的高度：即除了能读、写、算以外，还要具有计算机运用能力（信息能力）。而这种能力可通过计算机文化的普及得到实现。

当人类跨入 21 世纪时，又迎来了以网络为中心的信息时代。作为计算机文化的一个重要组成部分，网络文化已成为人们生活的一部分，深刻地影响着人们的生活，同样，也给人们带来了前所未有的挑战。信息时代是互联网的时代，娴熟地驾驭互联网将成为人们工作生活的重要手段。在信息时代造就了微电子、数据通信、计算机、软件技术四大产业时，围绕网络互联，实现计算机、电视、电话的"三合一"。"三合一"包含两层意思：一是计算机网、电视网、电话网三网合一，三种信号均通过网际网传输；二是终端设备融为一体。这是目前人们广泛关注的技术，它的实现极大地丰富了计算机文化的内涵，让每一个人都能领略计算机文化的无穷魅力，体味着计算机文化的浩瀚。

今天，计算机文化已成为人类现代文化的一个重要的组成部分，完整准确地理解计算科学与工程及其社会影响，已成为新时代青年人的一项重要任务。

2）计算机文化特征

计算机文化不仅强调它和传统文化的不同，更重要的是突出了它是一种更新速度极快的文化，尽管和一切特定的文化现象一样，计算机文化也是具体的、个性化的文化，但由于计算机文化是人类历史上一次里程碑式的信息革命的产物，因此它具有广泛的使用性、延展性、资源共享等与其他文化现象明显不同的突出特征。

1.3.2　计算机文化素养

根据目前国内外大多数计算机教育专家的意见，最能体现"计算机文化"知识结构和能力素养的，应当是思维方式，与信息获取、信息分析和信息加工有关的基础知识，以及利用计算机解决实际问题的能力。

思维是一种复杂的高级活动，是人脑对客观现实进行间接的、概括的反应过程，它可以揭露事物的本质属性和内部规律性。经过人的思维加工，就能够更深刻、更完全、更正确地认识客观事物。一切科学概念、定理、法则、法规、法律都是通过思维概括出来的，思维是一种高级认识过程，包括理论思维、实证思维、计算思维等。

信息获取包括信息发现、信息采集、信息优选；信息分析包括信息分类、信息综合、信息查错和信息评价；信息加工包括信息排序与检索、信息组织与表达、信息存储与变换以及信息的控制和传输等,相应的能力被称为"信息能力"。

计算机文化所产生的思想观念、带来的物质基础条件以及计算机文化教育的普及,对人类整体素质和能力的培养具有重要意义。计算机文化教育是通过计算机的学习实现人类计算思维和能力的构建,有助于培养人的创造性思维、发展人的抽象思维、强化人的思维训练,从而提高人的分析问题和解决问题的能力,以及计算机应用能力。具备计算机文化素养是信息社会对新型人才培养所提出的最基本要求。换句话说,达不到这个基本要求,将无法适应信息社会的学习、工作和竞争的需要,将会被社会淘汰。从这个意义上说,缺乏计算机文化知识与能力素养就相当于信息社会的"文盲"。

1.3.3 计算思维

计算思维是运用计算机科学的基础概念进行问题求解、系统设计以及人类行为理解等涵盖计算机科学之广度的一系列思维活动。

进一步说,通过约简、嵌入、转化和仿真等方法,把一个看起来困难的问题重新阐释成一个我们知道怎样解决的问题的方法;是一种递归思维,是一种并行处理,是一种把代码译成数据又能把数据译成代码,是一种多维分析推广的类型检查方法;是一种采用抽象和分解来控制庞杂的任务或进行巨大复杂系统设计的方法,是基于关注分离的方法;是一种选择合适的方式去陈述一个问题,或对一个问题的相关方面建模使其易于处理的思维方法;是按照预防、保护及通过冗余、容错、纠错的方式,并从最坏情况进行系统恢复的一种思维方法;是利用启发式推理寻求解答,也即在不确定情况下的规划、学习和调度的思维方法;是利用海量数据来加快计算,在时间和空间之间,在处理能力和存储容量之间进行折中的思维方法。

计算思维是运用计算机科学的基础概念去求解问题、设计系统和理解人类的行为。它包括了涵盖计算机科学之广度的一系列思维活动。当我们必须求解一个特定的问题时,首先会问:解决这个问题有多么困难?怎样才是最佳的解决方法?

为了有效地求解一个问题,我们可能要进一步问:一个近似解是否就够了,是否可以利用一下随机化,以及是否允许误报和漏报。计算思维就是通过约简、嵌入、转化和仿真等方法,把一个看起来困难的问题重新阐释成一个我们知道怎样解决的问题。

计算思维利用启发式推理来寻求解答,就是在不确定情况下的规划、学习和调度。它就是搜索、搜索、再搜索,结果是一系列的网页,一个赢得游戏的策略,或者一个反例。计算思维利用海量数据来加快计算,在时间和空间之间,在处理能力和存储容量之间进行权衡。

下面这些例子就是计算思维解决问题的实例:当你早晨去学校时,把当天需要的东西放进背包,这就是预置和缓存;当你弄丢手套时,有人建议你沿走过的路寻找,这就是回推;在什么时候停止租用滑雪板而为自己买一副呢?这就是在线算法;在超市付账时,你应当去排哪个队呢?这就是多服务器系统的性能模型。

计算思维将渗透到我们每个人的生活之中,到那时诸如算法和前提条件这些词汇将成为每个人日常语言的一部分,而树已常常被倒过来画了。

计算机科学不是计算机编程。计算思维是人类求解问题的一条途径,但决非要使人类像计算机那样地思考。计算机枯燥且沉闷,人类聪颖且富有想象力,是人类赋予计算机激情。配置了计算设备,我们就能用自己的智慧去解决那些在计算时代之前不敢尝试的问题,实现"只有想不到,没有做不到"的境界。

1.4 信息的表示与存储

计算机是处理信息的机器,信息处理的前提是信息的表示和存储。计算机内信息的表示形式是二进制数字编码,也就是说各种类型的信息(数值、文字、声音、图像)都必须转换为二进制数制编码的形式,计算机才能进行存储和处理。本节简单谈谈数值数据(可以量化和运算的数)和非数值(文字、声音、图像等)数据的表示。

1.4.1 数制及相互转换

1)计算机采用二进制的原因

计算机只能处理二进制编码形式的指令和数据,因此所有信息都必须被转换为二进制的形式。为什么要采用二进制形式而不采用人们习惯的十进制或其他进制呢? 这是因为在机器内部,信息的表示和存储依赖于机器硬件电路的状态,信息采用什么样的表示形式将直接影响到计算机的性能。综合考虑,计算机采用二进制有以下两个主要原因:

(1)二进制只有 0 和 1 两种状态,正好与物理部件的两种状态相对应,如门电路的高电平与低电平,如果采用十进制,则需要寻找有十个稳定状态的物理部件对应表示十个数字,或者采用其他方法描述十种状态,必然使得电路结构复杂。

(2)二进制的 0 和 1 可以与逻辑代数中的"真"和"假"对应,便于应用逻辑代数理论研究计算机理论。

2)数制的概念

按进位的原则进行计数称为进位计数制,简称"数制"。人们习惯的数制是十进制,除了十进制计数外,还有许多非十进制的计数方式。书写时可以在数的右下角注明数制,或在数后面带一个大写字母表示,B 表示二进制数,O 表示八进制数,D 或不带字母表示十进制数,H 表示十六进制数等。

3)数制的特点

无论哪种进位计数制都有两个共同点,即按基数来进位或借位,按位权值来计算。

(1)逢 r 进一

在采用进位计数的数字系统中,如果用 r 个基本符号(例如 $0,1,2,3,4,\cdots,r-1$)表示数值,则称其为基 r 数制,r 称为该数制的基数(Radix),故:

$r=10$ 为十进制,可使用的基本符号是 $0,1,2,3,4,5,\cdots,8,9$;

$r=2$ 为二进制,可使用的基本符号是 $0,1$;

$r=8$ 为八进制,可使用的基本符号是 $0,1,2,\cdots,6,7$;

$r=16$ 为十六进制,可使用的基本符号是 $0,1,2,\cdots,8,9,A,B,C,D,E,F$。

所谓按基数进位或借位,就是在运算加法或减法时,要遵守"逢 r 进一,借一当 r"的规则。如十进制运算规则为"逢十进一,借一当十",二进制运算规则为"逢二进一,借一当二"。

（2）位权表示法

在任何一种数制中，一个数的每个位置上各有一个"位权值"，用 r^i 表示，i 即数字在数中的位置。例如 752.65_{10}，小数点前从右往左有 3 个位置，分别为个、十、百，位权分别为 10^0、10^1、10^2，同样，小数点后从左到右有 2 个位置，其位权分别为 10^{-1}、10^{-2}。所谓"用位权值计算"的原则，即每个位置上的数符所表示的数值等于该数符乘以该位置上的位权值。如 752.65_{10} 可以表示为下面的和式：

$752.65 = 7 \times 10^2 + 5 \times 10^1 + 2 \times 10^0 + 6 \times 10^{-1} + 5 \times 10^{-2} = 7 \times 100 + 5 \times 10 + 2 \times 1 + 6 \times 0.1 + 5 \times 0.01$，一般而言，对任意 r 进制数，可以用以下的展开式表示：

$$a_n \cdots a_1 a_0 a_{-1} \cdots a_{-m} = a_n \times r^n + \cdots + a_1 \times r^1 + a_0 \times r^0 + a_{-1} \times r^{-1} + \cdots + a_{-m} \times r^{-m}$$

其中，r 为基数，整数为 $n+1$ 位，小数为 m 位。

4）不同进位计数制的转换

计算机中不同数制之间的转换是指十进制、二进制、八进制和十六进制数之间的相互转换。见表 1-1。

常用的几种进位计数制 表 1-1

进位制	二进制	八进制	十进制	十六进制
规则	逢二进一	逢八进一	逢十进一	逢十六进一
基数	2	8	10	16
基本符号	0,1	0,1,2,…,6,7	0,1,…,8,9	0,1,…,9,A,…,F
权	2^i	8^i	10^i	16^i

（1）二、八、十六进制数转换为十进制数

对任何一个二进制、八进制或十六进制数，均可以按照"按位加权求和"的方法转换为十进制数。

例如：

$(1100110.011)_2 = 1 \times 2^6 + 1 \times 2^5 + 1 \times 2^2 + 1 \times 2^1 + 1 \times 2^{-2} + 1 \times 2^{-3} = 64 + 32 + 4 + 1 + 0.25 + 0.125 = 101.375$

$(235.64)_8 = 2 \times 8^2 + 3 \times 8^1 + 5 \times 8^0 + 6 \times 8^{-1} + 4 \times 8^{-2} = 128 + 24 + 5 + 0.75 + 0.0625 = 152.8125$

$(BC91.FA)_{16} = B \times 16^3 + C \times 16^2 + 9 \times 16^1 + 1 \times 16^0 + F \times 16^{-1} + A \times 16^{-2} = 45056 + 3072 + 144 + 1 + 0.9375 + 0.0390625$
$= 48273.9765625$

（2）十进制数转换为二进制、八进制和十六进制整数

①十进制整数转换为 r 进制整数

$(a_n \cdots a_1 a_0)_r = a_n \times r^n + \cdots + a_1 \times r^1 + a_0 \times r^0 = (\cdots((0 + a_n) \times r + \cdots + a_2)r + a_1)r + a_0$

上式中，等号两边同除以 r，商为 $(\cdots((0 + a_n) \times r + \cdots + a_2)r + a_1)r$，余数为 a_0；

所得商再除以 r，商为整数 $(\cdots((0 + a_n) \times r + \cdots + a_3)r + a_2)$，余数为 a_1；

以此类推，直到商为 0，余数为 a_n。

因此，将十进制整数转换为 r 进制整数的规则为：除 r 取余数，直到商为 0。并且先得的

余数为低位,后得的余数为高位。

②十进制小数转换为 r 进制小数

$$(0. a_{-1} \cdots a_{-m})_r = a_{-1} \times r^{-1} + \cdots + a_{-m} \times r^{-m} = (a_{-1} + (a_{-2} + \cdots + (0 + a_{-m}).1/r \cdots 1/r)1/r$$

上式中,等号两边乘 r,得整数部分为 a_{-1},小数部分为 $(a_{-2} + (a_{-3} + \cdots + (0 + a_{-m}).1/r \cdots 1/r)1/r$;

再将小数部分乘 r,得整数部分为 a_{-2},小数部分为 $(a_{-3} + (a_{-4} + \cdots + (0 + a_{-m}).1/r \cdots 1/r)1/r$;

以此类推,直到小数部分为 0 或转换到指定的 m 位小数(转换过程中小数部分不出现 0,即小数转换可能有无限位,此时转换到指定的 m 位即可),此时整数部分为 a_{-m};

因此,将十进制小数转换为 r 进制小数的规则为:乘 r 取整数,直到余数为 0。并且先得的整数为高位,后得的整数为低位。

(3)二进制与八进制、十六进制数的相互转换

二进制数转换为八进制、十六进制数,见表 1-2。

十进制数、二进制数、八进制数、十六进制数书写对照   表 1-2

十进制	二进制	八进制	十六进制
0	000	0	0
1	001	1	1
2	010	2	2
3	011	3	3
4	100	4	4
5	101	5	5
6	110	6	6
7	111	7	7
8	1000	10	8
9	1001	9	9
10	1010		A
11	1011		B
12	1100		C
13	1101		D
14	1110		E
15	1111		F
	10000		10

如表 1-2 所示,3 位二进制数能唯一表示一个八进制数字,所以把二进制数转换为八进制数时,按"3 位并 1 位"的方法进行。即以小数点为界,将整数部分从右向左每 3 位并 1 位八进制数字,假如不够 3 位则左边添 0;小数部分从左向右每 3 位并 1 位八进制数字,假如不够 3 位则右边添 0。

反之,将八进制数转换为二进制数时则按"1 位拆 3 位"的原则。二进制数与十六进制数之间的转换可用"4 位并 1 位"的方法处理。

1.4.2 数值数据在计算机中的表示

数据是指所有能输入到计算机中并被计算机识别、存储和加工处理的符号的总称。计算机中的数据分为数值型数据和非数值型数据两大类。数值型数据指数学中的代数值,具有量的含义,可以进行加、减等算术运算,如 234.12、- 33.21、3/4、6688.22 等;非数值数据是不能进行算术运算的数据,没有量的含义,如字母 A、符号 + 、% 、\$ 、> 、?,数字 7、汉字、图形图像、声音视频等多媒体数据。任何数据都必须转换为二进制形式存储,然后被计算机处理,同样,计算机内的数据也要进行逆向转换然后输出。

1)数值数据的表示

计算机中表示一个数值数据,需要考虑两个问题:

(1)确定数的符号

将数值数据的绝对值转换为二进制形式后,解决了数值数据的存放形式。由于数据有正数和负数之分,故还要考虑符号的表示,为了表示数值的符号" + "和" - ",一般用数的最高位(左边第一位)作符号位,并约定 0 表示 + 号,1 表示 - 号,这样就可以将数值和符号一起进行存储和计算。这种符号被数值化的数叫作机器数,而把原来用正负号表示的二进制数叫作真值,如真值为 + 0.1001,机器数也是 0.1001;真值为 - 0.1001,机器数为 1.1001。

(2)小数点的表示方法

当数据含有小数部分时,还要考虑小数点的表示。在计算机中采用隐含规定小数点位置的办法确定小数的表示,包含定点小数和浮点小数两种表示方法。

2)带符号数的表示

为了简单,本部分均以整数为例进行说明,且约定用 8 位二进制表示。

如果直接利用机器数进行计算,由于符号问题,结果将会出错:

例如:- 5 + 8 = 3,而 - 5 的机器数为 10000101,8 的机器数为 00001000,运算结果为 - 13,显然是错误的。

```
      10000101        -5 的机器数
    + 00001000        8 的机器数
    ----------
      10001101        运算结果为 -13
```

为了使符号位可以与数值一样参与计算又保证结果正确,计算机中存储机器数常用原码、反码和补码三种方式。

(1)原码

用最高位表示数值的符号,右边各位表示数值的绝对值的方法叫原码表示法。

例如:

$(+ 1100110)_2$ 的原码为 01100110;

（ -1100110 ） $_2$ 的原码为 11100110；

（ $+0000000$ ） $_2$ 的原码为 00000000；

（ -0000000 ） $_2$ 的原码为 10000000。

出现了正 0 和负 0 的形式不同。另外，用原码表示数值数据简单、直观，与真值转换也方便，但不能用原码对两个同号数相减或异号数相加，否则会出现错误的结果。

例如：

25－36，可以看作是 25 减去 36，两个同号数相减，也可以看作是 25 加上－36，两个异号数相加。

$(25)=(00011001)_2=\left[00011001\right]_{原码}$ ，$(-36)=(10100100)_2=\left[10100100\right]_{原码}$

则： $25+(-36)=\left[00011001\right]_{原码}+\left[10100100\right]_{原码}=\left[10111101\right]_{原码}$ ，结果为－61，是错误的。

因此，为运算方便，在计算机中通常将减法运算转换为加法运算（两个异号数相加实际是两个同号数相减），由此引入了反码和补码的概念。

（2）反码

对于正数，反码与其原码相同，对于负数，反码是除符号位外其他各位变反。

（ $+1100110$ ）的反码为 01100110，（ -1100110 ）的反码为 10011001

（ $+0000000$ ）的反码为 00000000，（ -0000000 ）的反码为 11111111

由于出现了正 0 和负 0 的形式不同。同样不能用反码对两个同号数相减或异号数相加，否则会出现错误的结果。

例如：

$(-25)=(10011001)_2=\left[11100110\right]_{反码}$ ，$(36)=(00100100)_2=\left[00100100\right]_{反码}$

则： $-25+36=\left[11100110\right]_{反码}+\left[00100100\right]_{反码}=\left[00001010\right]_{反码}$ ，将反码再取反码，得到结果的原码 $\left[00001010\right]_{原码}$ ，转换为真值 10，结果是错误的。

（3）补码

对于正数，补码与其原码相同，对于负数，补码是其反码加 1。

（ $+1100110$ ） $_2$ 的补码为 01100110

（ -1100110 ） $_2$ 的补码为 10011010

（ $+0000000$ ） $_2$ 的反码为 00000000

（ -0000000 ） $_2$ 的反码为 00000000

可以看到，+0 和 -0 的补码表示没有区别，即 0 的形式只有一种。可以验证，任何一个数的补码的补码就是其原码。

引入补码的概念后，两数的补码之"和"等于两数"和"的补码，因此，在计算机中的加减法运算可以利用其补码直接做加法，最后再把结果求补码得到真值。

例如：

$(25)=(00011001)_2\rightarrow\left[00011001\right]_{补码}$

$(-36)=(10100100)_2\rightarrow\left[11011100\right]_{补码}$

$\left[00011001\right]_{补码}+\left[11011100\right]_{补码}=\left[11110101\right]_{补码}$ ，将补码再取补码，得到结果的原码并转换为真值－11。

例如：

$$(36) = (00100100)_2 \rightarrow [00100100]_{补码}$$

$$(25) = (00011001)_2 \rightarrow [00011001]_{补码}$$

$[00100100]_{补码} + [00011001]_{补码} = [00111101]_{补码}$，将补码再取补码，得到结果的原码并转换为真值61。

在计算机中用补码表示数值数以后，数的加减运算都可以统一化成补码的加法运算，不用单独处理符号，这是十分方便的。反码通常作为求补码的中间形式。但是应该注意，无论用哪种方式表示数值，当数的绝对值超过表示数的二进制位允许表示的最大值时，就会发生溢出，从而造成运算错误。

3）定点数与浮点数

当数据含有小数时，计算机还要解决小数点的表示问题，计算机中表示小数点不采用二进制位，而是隐含规定小数点的位置。根据小数点的位置是否固定，数的表示又分为定点数和浮点数。

（1）定点整数

定点整数是将小数点位置固定在数值的最右端，符号位右边的所有位表示整数的数值。例如$[00011001]_{原码}$，实际是表示 $+0011001_2$。

（2）定点小数

定点小数是将小数点固定在数值的最左边，符号位右边的所有位表示小数的数值，例如$[00011001]_{原码}$，实际是表示 $+0.00011001$。

定点数可以表示纯小数和整数，定点整数和定点小数在计算机中的表示形式没有什么区别，小数点的位置完全靠事先隐含约定在不同的位置。

由于计算机中的初始数值、中间结果和最后结果可能会在很大范围内变动，如果计算机用定点整数或定点小数表示数值，则运算数据不是容易溢出（超出计算机能表示的数值范围），就是容易丢失精度。程序员为了避免出现上述现象，需要在运算的各个阶段预先设置比例因子，将数放大或缩小，非常麻烦。采用浮点小数表示数值就可以解决这类问题。

（3）浮点数

浮点数是指小数点位置不固定的数，它既有小数部分又有整数部分。在计算机中通常把浮点数分成阶码（也叫指数）和尾数两部分，其中阶码用二进制定点整数表示，尾数用二进制定点小数表示，阶码的长度决定数值的范围，尾数的长度决定数值的精度。为了保证不损失有效数字，通常还对尾数进行规格化处理，即保证尾数的最高位为1，实际数值通过阶码进行调整。

例如：-1234.5678 可以表示为 $-1.2345678 \times 10^{+3}$、$-12.345678 \times 10^{+2}$、$-123.45678 \times 10^{+1}$、$-12345.678 \times 10^{-1}$、$-1234567.8 \times 10^{-3}$等多种形式，如果规格化要求是 $0.1 \leqslant |尾数| < 1$，则机器取 $-0.12345678 \times 10^{+4}$形式存放。

浮点数的格式多种多样，不同机器系统可以有不同的浮点数格式。

4）数值编码

数值数据除了可以用上述纯二进制形式的机器数（如定点数、浮点数）表示外，为了便于操作，还可以采用编码的形式表示。8421BCD 编码就是一种常用的数值编码，具体方法是：

将一位十进制数字用 4 位二进制数编码来表示,以 4 位二进制数为一个整体来描述十进制的 10 个不同符号 0~9,仍然采用"逢十进一"的原则。这样的二进制编码中,每 4 位二进制数为一组,组内每个位置上的位权从左至右分别为 8、4、2、1。因此也称为 8421BCD 编码。

1.4.3 非数值数据在计算机中的表示

非数值数据是计算机中使用最多的数据,是人与计算机进行通信、交流的重要形式。计算机中的非数值数据主要包括西文字符(字母、数字、各种符号)和汉字字符,声音数据和图形数据。和数值数据一样,非数值数据也要转换为二进制形式才能被计算机存储和处理,采用的方法是编码。

1)西文字符的编码

目前广泛使用的西文字符的编码是美国国家标准协会(American National Standard Institute,ANSI)制定的美国标准信息交换码(American Standard Code for Information Interchange,ASCII),如表 1-3 所示。

常用 ASCII 码对照表　　　　　　表 1-3

ASCII 码	键盘	ASCII 码	键盘	ASCII 码	键盘	ASCII 码	键盘
27	ESC	32	SPACE	33	!	34	"
35	#	36	$	37	%	38	&
39	'	40	(	41	)	42	*
43	+	44	,	45	–	46	.
47	/	48	0	49	1	50	2
51	3	52	4	53	5	54	6
55	7	56	8	57	9	58	:
59	;	60	<	61	=	62	>
63	?	64	@	65	A	66	B
67	C	68	D	69	E	70	F
71	G	72	H	73	I	74	J
75	K	76	L	77	M	78	N
79	O	80	P	81	Q	82	R
83	S	84	T	85	U	86	V
87	W	88	X	89	Y	90	Z
91	[	92	\	93	]	94	^
95	_	96	`	97	a	98	b
99	c	100	d	101	e	102	f
103	g	104	h	105	i	106	j
107	k	108	l	109	m	110	n
111	o	112	p	113	q	114	r
115	s	116	t	117	u	118	v
119	w	120	x	121	y	122	z
123	{	124			125	}	126	~

ASCII 码有两个版本,标准 ASCII 码与扩展 ASCII 码。

标准 ASCII 码是一个用 7 位二进制数来编码,用 8 位二进制数来表示的编码方式,其最高位为 0,右边 7 位二进制位总共可以编出 $2^7 = 128$ 个码。每个码表示一个字符,一共可以表示 128 个符号。

扩展 ASCII 码是一个用 8 位二进制数来表示的编码方式,8 位二进制位总共可以编出 $2^8 = 256$ 个码。每个码表示一个字符,一共可以表示 256 个符号。除了 128 个标准 ASCII 码中的符号外,另外 128 个表示一些花纹、图案符号。

表中没有列出的第 0～32 号及第 127 号(共 34 个)是控制字符或通信专用字符,如控制符:LF(换行)、CR(回车)、FF(换页)、DEL(删除)、BEL(振铃)等;通信专用字符:SOH(文头)、EOT(文尾)、ACK(确认)等。

2)汉字字符的编码

西文是拼音文字,所有的字均由 52 个英文大小写字母组合而成,加上数字及其他标点符号,常用的字符仅 95 种,故 7 位二进制数编码足够了。汉字与西文不同,汉字是象形文字,字数极多(现代汉字中仅常用字就有六七千个,总字数高达 5 万个以上),且字形复杂,每个汉字都有"音、形、义"三要素,同音字、异体字也很多,这些都给汉字的计算机处理带来很大的困难。要在计算机中处理汉字,必须解决以下三个问题:

(1)汉字的输入。如何把结构复杂的方块汉字输入到计算机中去,这是汉字处理的关键;

(2)汉字在计算机内如何表示和存储,如何与西文兼容;

(3)如何将汉字的处理结果在外部设备上输出。

为此,必须将汉字代码化,即对汉字进行编码。对应于汉字处理过程中的输入、内部存储处理、输出这 3 个环节,每个汉字的编码都包括输入码、交换码、内部码、字形码。在计算机的汉字信息处理系统中,处理汉字时必须经过如下代码转换:

> 输入码→交换码→内部码→字形码

(1)输入码

利用计算机系统中现成的西文键盘,对每个汉字编排的输入汉字的编码叫汉字的输入码。汉字输入码一般是利用键盘上的字母和数字键来描述。目前已经有许多种各有特点的汉字输入码,但真正被广大用户接受的只有十几种。按照不同的编码设计思想和规则,可以把这些众多的输入码归纳为音码、形码、音形码和数字码等。

①音码

音码是一类按照汉字的读音(汉语拼音)进行编码的方法。常用的音码有标准拼音(全拼)、全拼双音、双拼双音等。拼音码使用方法简单,任何学习过拼音的人都能使用,易于推广。缺点是同音字多(或者说重码率高),需要通过选择才能输入所需汉字,对输入速度有影响,而且对那些读不出音的汉字就不能输入。拼音码特别适合那些对录入速度要求不是太高的非专业录入人员输入汉字。

②形码

字形码是以汉字的字形结构为基础的输入编码。常用的形码有五笔字型、郑码、表形码等。目前被广大用户接受的字形码是五笔字型输入码。按字形方法输入汉字的优点是重码率低,速度快,只要能看见字形就能拆分输入,但这种方法需要经过专门训练,记忆字根、练习拆字,前期学习花费的时间较多,有极少数汉字拆分困难,只要掌握了这种录入方法,可以达到较高的录入速度,因此,受到专业录入人员的普遍欢迎。

③音形码

这是一类将汉字的字形和字音相结合的编码,也叫混合码或结合码,自然码是音形码的代表。这种编码方法兼顾了音码和形码的优点,既降低了重码率,又不需要大量的前期学习、记忆,不仅使用简单方便,而且输入汉字的速度比较快,效率也比较高。

④数字码

数字码是用等长的数字串为汉字逐一编码,以这个编号作为汉字的输入码。如电报码、区位码等都属于数字码。这种汉字编码的编码规则简单,但难以记忆,仅适合于某些特定部门。

由此可以看到,由于汉字编码方法的不同,同一个汉字可以有许多种输入码(输入法)。

(2)汉字交换码

为了便于各个计算机系统之间能够正确地交换汉字信息,必须规定一种专门用于汉字信息交换的统一编码,这种编码称为汉字的交换码。

1981 年,我国国家信息产业部颁布了国家标准《信息交换用汉字编码字符集　基本集》(GB 2312—1980),制订了汉字交换码(GB 码)。GB 码是双字节编码,即用两个字节为一个汉字或汉字符号编码,每个字节的最高位为“0”,可以为 $2^7 \times 2^7 = 128 \times 128 = 16384$ 个字符编码。它总共包含 6763 个常用汉字(其中一级汉字 3755 个,二级汉字 3008 个),以及 682 个西文字符、图符,总计 7445 个字符。7445 个字符按 94 行 ×94 列的位置组成 GB 2312—80 大码表,表中的每一行称为一个“区”,每一列称为一个“位”。一个汉字所在位置的区号和位号组合在一起就构成一个十进制的 4 位数(16 位二进制)代码,前两位数字为“区号”(01 ~94),后两位数字为“位号”(01 ~94),分别占一个字节,故 GB 码也称为“区位码”。

例如,汉字“啊”的区位码为“1601”,则表示该汉字在 16 区的 01 位,如果用十六进制数表示,则汉字“啊”的区码为“10H”,位码为“01H”,即该汉字的区位码为“1001H”。在一个汉字的区位码中,区码和位码均是独立的,在将其转换为十六进制数时,不能作为整体来转换,只能将区码和位码分别转换。

(3)汉字机内码

汉字机内码,又称“机内码”、“内码”,指计算机内部存储、处理加工和传输汉字时所用的由 0 和 1 组成的代码。

其实汉字交换码从理论上说可以作为汉字的机内编码,但为了避免与西文字符的编码混淆(可能会把一个汉字编码看作 2 个西文字符的编码),故需要对交换码稍加修正才能作为汉字的机内编码。

首先,为了避免与基本 ASCII 码中的控制码(0 ~20H 为非图形字符码值)冲突,将汉字交换码各加上 20H,得到汉字的国标码。

其次,由于汉字交换码两个字节值的范围都与西文字符的基本 ASCII 码相冲突,为了兼顾处理西文字符,还要将汉字国标码的两个字节分别加上 80H(即最高位均置为 1)构成。

所以,机内码与区位码的关系如下:机内码高位 = 国标码高位 + 80H = 区码 + A0H;机内码低位 = 国标码低位 + 80H = 位码 + A0H。所以,汉字"啊"的机内码为 B0A1H。即

$$机内码高位 = 10H + A0H = B0H$$

$$机内码低位 = 01H + A0H = A1H$$

值得一提的是,无论采用哪种汉字输入码,存入计算机中的总是汉字的机内码,与所采用的输入法无关,即输入码与机内码之间有一一对应的转换关系,故任何一种输入法都需要一个相应的完成这种转换的"输入码转换模块"程序。输入码被接受后,汉字机内码应该是唯一的,与采用的键盘输入法(汉字输入码)无关。这正是汉字输入法研究的关键问题。

(4)汉字字形码

汉字字形码又称汉字字模,是表示汉字字形信息(结构、形状、笔画等)的编码,以实现计算机对汉字的输出(显示、打印),字形码最常用的表示方式是点阵形式和矢量形式。

用点阵表示汉字字形时,字形码就是这个汉字字形的点阵代码根据显示或打印质量的要求,汉字字形编码有 16×16、24×24、32×32、48×48 等不同密度的点阵编码。点数越多,显示或打印的字体就越美观,但编码占用的存储空间也越大。如图 1-2 所示,给出了一个 16×16 的汉字点阵字形和字形编码,该汉字字形编码需占用 $16 \times 2 = 32$ 个字节。如果是 32×32 的字形编码则占用 $32 \times 4 = 128$ 个字节。

	0	1	2	3	4	5	6	7	8	9	10	11	12	13	14	15	十六进制码			
0							●	●									0	3	0	0
1							●	●									0	3	0	0
2							●	●									0	3	0	0
3							●	●						●			0	3	0	4
4	●	●	●	●	●	●	●	●	●	●	●	●	●	●	●		F	F	F	E
5							●	●									0	3	0	0
6							●	●									0	3	0	0
7							●	●									0	3	0	0
8							●	●									0	3	0	0
9							●	●	●								0	3	8	0
10						●	●			●							0	6	4	0
11					●	●					●						0	C	2	0
12				●	●						●	●					1	8	3	0
13				●								●	●				1	0	1	8
14			●										●	●			2	0	0	C
15	●	●												●	●	●	C	0	0	7

图 1-2　汉字字形点阵及代码

当一个汉字需要显示或打印时,需要将汉字的机内码转换成字形编码,它们也是一一对应的。汉字的字形点阵要占用大量的存储空间,通常将所有汉字字形编码集中存放在计算机的外存中,称为"字库",不同字体(如宋体、黑体等)对应不同的字库。需要时才到字库中

检索汉字并输出,为避免大量占用宝贵的内存空间,又要提高汉字的处理速度,通常将汉字字库分为一级和二级,一级字库在内存,二级字库在外存。

矢量表示汉字字形时,存储的是描述汉字字形的轮廓特征,需要输出汉字时,经过计算机计算,再将汉字字形描述信息生成所需大小和形状的汉字点阵。矢量化字形描述与最终文字显示的大小、分辨率无关,故可以产生高质量的输出汉字。

点阵和矢量方式的区别在于,点阵的编码和存储简单,无须再转换就直接输出,但字形放大后会走形;矢量方式存储和编码较复杂,需要转换才能输出,但输出大小效果相同。

3)其他汉字编码

除了 GB 2312—1980 编码外,目前常用的还有 UCS 码、Unicode 码、GBK 码等。随着多媒体技术与信息处理技术的发展,目前已经出现了汉字语音输入方式和汉字手写输入方式,以及汉字印刷体自动识别输入方式,输入识别的正确率都在逐步提高,其应用前景越来越好。但无论采用什么输入方式,最终存储在计算机中的还是汉字的机内码,输出汉字时仍然采用的是汉字字形码。

4)多媒体数据的表示

多媒体数据主要是指声音和图形图像数据,对多媒体数据仍然要变换成二进制形式,计算机才能存储和处理。

更多关于多媒体数据表示的内容将在本教材第5章介绍,这里不再赘述。

习　题　1

一、单项选择题

1. 个人计算机属于(　　)。
   A. 微型计算机　　　B. 小型计算机　　　C. 中型计算机　　　D. 小巨型计算机
2. 二进制数的运算法则是(　　)。
   A. 除二取余　　　B. 乘二取整　　　C. 逢二进一　　　D. 逢十进一
3. 汉字系统的汉字字库里存放的是汉字的(　　)。
   A. 国标码　　　B. 外码　　　C. 字模　　　D. 内码
4. 你认为最能反映计算机主要功能的是(　　)。
   A. 计算机可以代替人的脑力劳动　　　B. 计算机可以存储大量星信息
   C. 计算机是一种信息处理机　　　D. 计算机可以实现高速度计算
5. 十进制数58的二进制形式是(　　)。
   A. 111001　　　B. 111010　　　C. 000111　　　D. 011001
6. 二进制数11110010的补码形式是(　　)。
   A. 二进制　　　B. 字符　　　C. 十进制　　　D. 图形
7. ASCII码是一种表示(　　)数据的编码。
   A. 数值　　　B. 图片　　　C. 字符　　　D. 声音
8. 学校的学籍管理程序属于(　　)。
   A. 工具软件　　　B. 系统程序　　　C. 应用程序　　　D. 文字处理软件

9. 下列数据中最小的是(　　　)。

    A. $(11010001)_2$　　　　B. $(1111111)_2$　　　　C. $(60)_{10}$　　　　D. $(40)_{16}$

10. 已知字母"F"的 ASCII 码是46H,则字母"A"的 ASCII 码是(　　　)。

    A. 41H　　　　　　　B. 26H　　　　　　　C. 98H　　　　　　　D. 34H

二、术语释义及简答题

1. 简述计算机发展各阶段的特征。

2. 什么是 CAD、CAM、CAI?

3. 简述计算机的发展趋势。

4. 什么是嵌入式系统?

5. 简述云计算、大数据、物联网的概念。

6. 什么是 ASCII 码? ASCII 码有哪些特点?

7. 什么是汉字输入码、内码、字形码?

第2章　计算机系统组成

2.1　计算机系统组成

完整的计算机系统是由硬件系统和软件系统两部分组成,如图 2-1 所示。硬件系统是那些构成计算机的看得见摸得着的东西,如元器件、电路板、零部件等物理实体和物理装置,是组成计算机系统的各种物理设备的总称,是计算机系统的物质基础,叫作计算机硬件。硬件系统又称为裸机,裸机只能识别由 0 和 1 组成的机器代码。没有软件系统的计算机几乎是没有用的,软件系统是为运行、管理和维护计算机而编制的各种程序、数据和文档的总称。实际上,用户所面对的是经过若干层软件"包装"的计算机,计算机的功能不仅仅取决于硬件系统,更大程度上是由所安装的软件系统所决定。

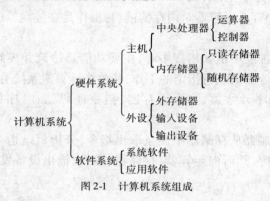

图 2-1　计算机系统组成

2.1.1　冯·诺依曼型计算机

冯·诺依曼提出了"存储程序"原理,奠定了计算机的基本结构、基本工作原理,开创了程序设计的新时代。其基本内容是:

(1)用二进制形式表示数据与指令。

(2)指令与数据都存放在存储器中,计算机工作时能够自动高速地从存储器中取出指令加以执行。程序中的指令通常是按一定顺序一条条地存放的,计算机工作时,只要知道程序中第一条指令放在什么地方,就能依次取出每一条指令,然后按指令执行相应的操作。

(3)计算机系统由运算器、存储器、控制器、输入设备、输出设备 5 大基本部分组成,并规定了 5 大部分的功能。

迄今为止,所有计算机都称为冯·诺依曼型计算机。

2.1.2 计算机硬件系统

根据"存储程序"原理,计算机的硬件系统由运算器、控制器、存储器、输入设备和输出设备5大部分组成,如图2-2所示。当计算机接受指令后,由控制器指挥,将数据从输入设备传送到存储器存放,再由控制器将需要参加运算的数据传送到运算器,由运算器具体处理,处理后的结果由输出设备输出。

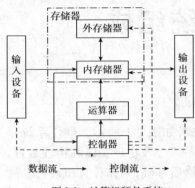

图2-2 计算机硬件系统

1)运算器

运算器的主要功能是对数据进行各种运算。在计算机中,运算包括算术运算和逻辑运算以及数据的比较、移位等操作,算术运算是指加、减、乘、除等基本运算;逻辑运算是指逻辑判断、关系比较以及其他的基本逻辑运算等。但不管是算术运算还是逻辑运算,都只是基本运算。也就是说,运算器只能做这些最简单的运算,复杂的计算都要通过基本运算一步步实现。由于运算器的运算速度快得惊人,因而计算机才有高速的信息处理功能。

运算器又称算术逻辑单元(Arithmetic and Logic Unit,ALU)。运算器中的数据取自内存,运算的结果又送回内存。运算器对内存的读/写操作是在控制器的控制之下进行的。

2)控制器

控制器是计算机的神经中枢和指挥中心,主要功能是协调并控制计算机系统的各个部件按程序中安排好的指令序列执行指定的工作,使整个计算机系统有条不紊地工作。

控制器一般包括程序计数器、指令寄存器、指令译码器、时序控制器、微操作控制电路等。

计算机工作时由控制器从存储器中逐条取出指令,分析每条指令规定的是什么操作以及所需数据的存放位置等,然后向运算器、存储器、输入、输出设备发出控制信号,引起相应动作,完成指令所规定操作。

3)存储器

存储器是计算机系统的记忆部件,用于存放程序、参与运算的数据和运算的结果等,并能在计算机运行过程中高速、自动地完成程序或数据的存取。存储器是具有"记忆"功能的设备,它由具有两种稳定状态的物理器件来存储信息,使用时可以从存储器中多次取出信息,不破坏原有的内容,这种操作称为存储器的读操作;也可以把信息写入存储器中,原来的内容就被抹掉,这种操作称为存储器的写操作。

存储器通常分为内存储器(主存)和外存储器(辅存)两大类。

(1)内(部)存储器

内部存储器简称内存,用于存放控制器要处理的数据和指令,凡是要被处理的程序与数据只有调入内存后才能被执行,是计算机中信息交流的中心,因此,内存的存取速度直接影响计算机的运算速度。用户通过输入设备输入的程序和数据都将先送入内存,控制器执行的指令和运算器处理的数据也都从内存中取出;内存是计算机运行时的主体,会与计算机的各个部件交换信息。

（2）外（部）存储器

外存储器设置在主机外部，简称外存或辅（助）存储器，主要用于长期存放程序或数据信息。通常外存不和计算机的其他部件直接交换数据，只和内存交换数据，而且是成批地进行数据交换。

外存与内存有许多不同之处。磁盘和磁带靠磁性物质记录信息，光盘靠凹凸点记录信息，故这些介质上的信息不会因为断电而丢失，可以长期保存；与内存相比，同样容量外存的造价会低很多，故外存的容量一般都较大；内存工作速度比外存工作速度高。由于外存安装在主机外部，所以也可以归属为外部设备。

关于存储器还必须了解如下基本概念及术语：

①位（Bit）。

计算机中的一个二进制位称为 Bit。

②字节（Byte）。

8 个二进制位称为 Byte，简称 B。

③容量（Volume）。

存储器的容量是指存储器能保存的二进制位（Bit）的数量，通常用字节（Byte）来表示。随着存储器容量的不断增加，目前微型机中常用的容量单位有 KB、MB、GB、TB，它们之间的进率是 $2^{10} = 1024$，即 $1 KB = 1024 B$，$1 MB = 1024 KB$，$1 GB = 1024 MB$，$1 TB = 1024 GB$。

④字长（Length Word）。

CPU 在单位时间内（同一时间）能一次处理的二进制数据的位数叫计算机的字长。所以能处理字长为 8 位的 CPU 就称为 8 位 CPU，能处理字长为 16 位的 CPU 就称为 16 位 CPU。字长越长，计算机的运算精度就越高、处理速度就越快，但价格也会越高。

⑤地址（Address）。

计算机的存储器被划分为存储单元来管理，每个单元包含若干二进制位（微型机一般是 8 个二进制位），每个单元有一个唯一的编号，这个编号就叫存储单元的地址。

4）输入设备

输入设备的任务是将外部世界的信息传输到计算机中，并将其变为机器能识别的形式。根据不同的需要，输入设备的种类很多，目前微型机上最常见的有键盘、鼠标、扫描仪等。

5）输出设备

输出设备的作用是将计算机内的处理结果变成人们认识的形式。最常见的有显示器、打印机、绘图仪等。

2.1.3　计算机软件系统

软件是相对于硬件而言的，它包括计算机运行时所需要的各种程序及其有关资料，是在计算机上运行的程序及其使用和维护文档的总和。软件可以扩充计算机功能和提高计算机的效率，它是计算机系统的重要组成部分。根据所起的作用不同，计算机软件可分为系统软件和应用软件两大类。

1）系统软件

系统软件是在计算机系统中直接服务于计算机系统的由计算机厂商或专业软件开发商

提供的、供给用户使用的操作系统环境和控制计算机系统按照操作系统要求运行的软件,它包括操作系统、程序语言处理系统、编译和解释系统、数据库系统、诊断和控制系统、系统实用程序等。系统软件处于硬件和应用软件之间,具有计算机各种应用所需的通用功能,是支持应用软件的平台。

(1)操作系统

操作系统(Operation System)是最基础的系统软件,是管理和控制计算机中所有软、硬件资源的一组程序。操作系统直接运行在裸机之上,是对计算机硬件系统的第一次扩充,在操作系统的支持下,计算机才能运行其他软件。从用户的角度看,硬件系统加上操作系统构成了一台虚拟机,为用户提供了一个方便、友好的使用平台,因此,可以说操作系统是计算机硬件系统与其他软件的接口,也是计算机和用户的接口,操作系统在计算机系统层次结构图中的位置如图 2-3 所示。

图 2-3　计算机系统层次结构图

不同操作系统的结构和内容存在很大差别,一般都具有进程和处理机管理、作业管理、存储管理、设备管理和文件管理五大管理功能。

(2)计算机语言及语言处理程序

计算机语言一般分为机器语言、汇编语言和高级语言 3 类。由于计算机只能认识机器语言(0 和 1),用汇编语言和高级语言编写的程序必须被翻译成机器语言,能完成这个翻译(编译、解释和汇编)工作的程序叫语言处理程序。

(3)数据库及数据库管理系统

由于各种管理工作中的信息流动和处理都要涉及大量的信息存储、共享、流动和处理,要使管理工作现代化,就必须要有一种工具来管理大量的信息,因此,在 20 世纪 60 年代末,数据库技术应运而生。数据库技术的目标就是克服文件系统的弊病,解决数据冗余和数据独立性的问题,并且用一个软件系统来集中管理所有的文件,从而实现数据共享,确保数据的安全、保密、正确和可靠。

数据库系统中,数据是一种高级组织的文件存储形式,即数据库。用一个专门的软件即数据库管理系统(Database Management System,DBMS)来操作。数据库系统一般由用户(人)、数据库管理系统和数据库组成。目前比较常用的数据库管理系统有 SQL Server、Sy-Base、Oracle 等。

2)应用软件

应用软件是用户为解决实际问题开发的专门程序,通常分为两类:

第一类是针对某个应用领域的具体问题开发的程序,它具有很强的实用性、专业性。这些软件可以是计算机专业公司开发,也可能是企业人员自己开发,正是这些专业软件的应用,使得计算机日益渗透到社会的各行各业。但是,这类软件使用范围小,通用性差,开发成本较高,软件的升级和维护有一定局限性。

第二类是一些大型专业软件公司开发的通用型应用软件。如办公自动化软件 Office、WPS;图形图像软件 Photoshop、AutoCAD;动画制作软件 Flash、3D;网页制作软件 FrontPage、Dreamweaver;多媒体创作软件 Authorware;压缩软件 WinZip、WinRAR;媒体播放软件 RealPlayer、

Windows Media Player、超级解霸等;防毒杀毒软件金山毒霸、瑞星杀毒等;图片浏览软件 ACD-See;网页浏览软件 IE;即时通信软件 QQ 等。这类软件功能强大,适用性非常好,应用广泛。

2.2 计算机工作原理

2.2.1 计算机指令系统

虽然现在的计算机系统从性能指标、运算速度、工作方式、应用领域和价格等方面与第一台计算机 ENIAC 有很大的差别,但其基本工作原理却没有改变,仍然沿用的是冯·诺依曼原理——"存储程序"工作原理,"存储程序"工作原理奠定了现代电子计算机的基本组成与工作方式的基础。

1)指令

计算机是一种"机器","机器"需要听从人的指挥来完成规定的动作。当利用计算机来完成某项工作时,都必须先制订好该项工作的解决方案,进而再将其分解成计算机能够识别并能执行的基本操作命令,这些命令在计算机中称为机器指令,每条指令规定了计算机要执行的一系列基本操作。

机器指令是一组二进制形式的代码,由一串"0"和"1"排列组成。一条指令通常包括两大部分内容,即操作码与地址码。操作码指出机器做什么操作,例如加法、存数、取数、移位等,地址码指出参与操作的数据在存储器中的地址(可以是内存地址或寄存器的地址),如图 2-4 所示。

操作码	地址码

图 2-4 机器指令示意

每台计算机都规定了一定数量的基本指令,这批指令的总和称为计算机的指令系统(Instruction Set),不同种类计算机的指令系统拥有的指令种类和数目是不同的,它们可能存在很大差异,但某台计算机的指令越多、越丰富,那么该计算机的功能就越强。

计算机指令系统在很大程度上决定了计算机的处理能力,这是计算机的一个主要特征,也是软件设计人员编制程序的基本依据。

2)程序

程序是完成处理功能的所有指令的有序集合。

人们使用计算机解决问题,必须规定计算机的操作步骤,告诉计算机"干什么"和"怎么干",也就是按照任务的要求写出一系列的指令。当然,这些指令必须是计算机能够识别和执行的指令,即每一条指令是一台特定计算机指令系统中具有的指令。一台计算机的指令是有限的,但用它们可以编制出各种不同的程序,计算机的工作就是执行程序,在程序运行中能自动连续地执行程序中的指令,主要就是因为这些计算机的工作原理是按"存储程序"原理进行的。

2.2.2 计算机的工作过程

计算机的工作过程就是执行指令的过程。

用户通过"输入设备"将程序及原始数据送入计算机的"存储器"存放待命;启动运行

后,计算机就从"存储器"中取出指令送到"控制器"去识别,分析该指令要求做什么事,"控制器"根据指令的含义发出相应的命令,例如将某存储单元中存放的操作数据取出送往"运算器"进行运算,再把运算结果送回到"存储器"指定的单元。当任务完成后,根据指令将结果通过"输出设备"输出。

计算机只认识"机器语言",所有通过输入设备输入的指令都首先由计算机"翻译"成计算机能够识别的机器指令,再根据指令的顺序逐条执行。指令的执行过程分为取指令、分析指令、执行指令 3 个过程。

（1）取指令。按照程序计数器的地址,从内存中取出指令,并送往指令寄存器。

（2）分析指令。对指令寄存器存放的指令进行分析,由译码器对操作码进行译码,将指令的操作码转换成相应的控制信号,由地址码确定操作数的地址。

（3）执行指令。指令的操作码指明了该指令要完成的操作类型或性质,由操作控制线路发出完成该操作所需的一系列控制信息,去完成该指令所要求的操作。

一条指令执行完成后,程序计数器加 1 或将转移地址码送入程序计数器,然后又开始取指令,分析指令,执行指令,一直到所有的指令执行完成。

2.3　微型计算机系统组成

微型计算机也称 PC（Personal Computer）、个人计算机或微机,是计算机中发展最快的一类,正是微型机的出现才使计算机应用得到了普及,成为人类生活中的重要伙伴。

1981 年美国 IBM 公司推出了第一台面向个人用户的微型计算机 IBM PC（Personal Computer）,如图 2-5 所示。它选用了美国 Intel 公司的 Intel8088 CPU 和其他配套的一系列集成电路制成系统板,用 5.25 英寸容量为 160KB 的软盘驱动器和单面记录的软磁盘,它的显示器类似于美国 NTSC 制式的彩色电视机,是低分辨率的 CGA 彩色显示器。这在当时来说是一种性能好、功能强、价格便宜的新型计算机,并且它的许多技术甚至核心技术都对外开放,因此很快风靡世界。

图 2-5　IBM PC 之父埃斯特利和第一台 IBM PC

由于 IBM PC 的市场影响和共同利益的驱使,其他公司的微机产品纷纷与之兼容,从而使 IBM 机型成为微型计算机的一种标准沿用至今,即目前所谓的 PC 兼容机。所谓"兼容"

是指硬件的可互换性和软件的通用性,如 CPU 和外围芯片组 Chipset、系统总线 I/O BUS 的扩展插槽标准、标准键盘接口、系统的基础软件 ROM BIOS(主要有 AMI、Award、和 Phoenix 三家产品)、系统输入输出口地址 I/O Port(Input/Output Port Address)等的充分兼容性。全球各大计算机公司的微型计算机产品的兼容化趋势,使微机的应用得以迅速推广普及,也使 PC 机软件的发展出现了空前繁荣兴旺的局面。

最常见的微型计算机外观形式有两种,一种是如图 2-6 所示的台式微机,一种是如图2-7 所示的便携式个人微机(即笔记本、掌上电脑等)。

图2-6 台式个人微机

图2-7 便携式个人微机

微型计算机系统仍然由硬件系统、软件系统组成,其构成如图 2-8 所示。

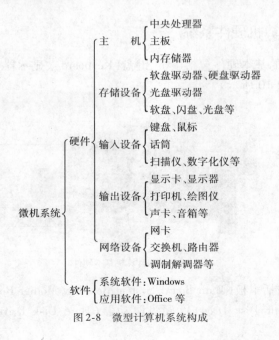

图 2-8 微型计算机系统构成

2.3.1 微型计算机硬件结构

微型计算机为了节省空间,实现微型化要求,在硬件结构上采用总线(Bus)结构,将 CPU、存储器、输入设备、输出设备等硬件连接起来,如图2-9所示。

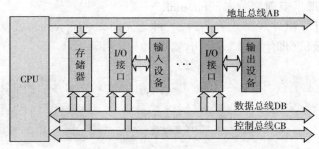

图2-9 微型计算机结构

总线是指计算机系统中能够为多个部件共享的一组公共信息传输线路。主板上的系统总线是传输数据的通道,就物理特性而言就是一些并行的印刷电路导线,通常根据传送信号的不同将它们分别称为地址(Address Bus)、数据(Data Bus)和控制(Control Bus)三大总线。

数据总线(DB):用于CPU与内存或I/O接口之间的数据传递,它的条数取决于CPU的字长,信息传送是双向的(可送入CPU,也可由CPU送出)。

地址总线(AB):用于传送存储单元或I/O接口的地址信息,它的条数决定了计算机内存的大小,若一台计算机中有16条地址总线,则它的内存大小为216(64KB)。

控制总线(CB):传送控制器的各种控制信息,它的条数由CPU的字长决定,信息传送是单向的,只由CPU发出。

2.3.2 微型计算机硬件系统

从外部看,微型机的基本硬件包括主机、键盘(Keyboard)、显示器(Display 或 Monitor)和鼠标(Mouse)等,如图2-10所示。

图2-10 微型计算机基本硬件

在主机箱里面还包括主板(Main Board、System Board 或 Mother Board)、电源(Power Supply)、软盘驱动器(Floppy Disk Driver)、硬盘驱动器(Hard Disk Driver)、光盘驱动器(CD-

ROM Driver)和插在主板 I/O 总线扩展槽(Input/Output BUS Expanded Slots)上的各种系统功能扩展卡等。如图 2-11 所示。

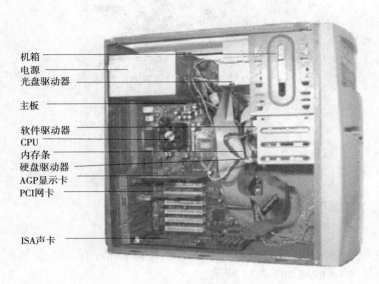

机箱
电源
光盘驱动器
主板
软件驱动器
CPU
内存条
硬盘驱动器
AGP显示卡
PCI网卡
ISA声卡

图 2-11 主机箱内部结构

1)主机

主机是安装在一个主机箱内所有部件的统一体,其中除了功能意义上的主机以外,还包括电源和若干构成系统所必不可少的外部设备和接口部件。

(1)主板

主板(Main Board)又称系统板(System Board)或母板(Mother Board),是装在主机箱中的一块最大的多层印刷电路板,任务是维系 CPU 与外部设备之间能协同工作,不出差错。上面分布着构成微机主系统电路的各种元器件和接插件。尽管它的面积不同,但基本布局和安装孔位都有严格的标准,使其能够方便地安装在任何标准机箱中。主板的性能不断提高而面积并不增大,主要原因是采用了集成度极高的专用外围芯片组和非常精细的布线工艺。

主板是微机的核心部件,其性能和质量基本决定了整机的性能和质量。主板上装有多种集成电路,如中央处理器 CPU(Central Processing Unit)、专用外围芯片组(Chipset 或 Chips)、只读存储器基本输入输出系统软件 ROM-BIOS(Read Only Memory-Basic Input/Output System)、随机读写存储器 RAM(Random Access Memory)等,还有若干个不同标准的系统输入输出总线的扩展插槽(System Input/Output Bus ExpandedSlot)和各种标准接口等。主板示意图如图 2-12 所示。

①CPU 的插座。

主板上的 CPU 插座是安装 CPU 的基座,它们的结构形状、插孔数、各个插孔的功能定义都不尽相同,因此不同的 CPU 必须使用不同的插座。Intel 推出的一种称为零插拔力 ZIF(Zero Insert Force)的 CPU 插座,只要将拉杆扳起,CPU 就可以轻松地取下或装上,避免了精密的 CPU 引脚的损伤。Socket 插座属于 ZIF,外形如图 2-13 所示。

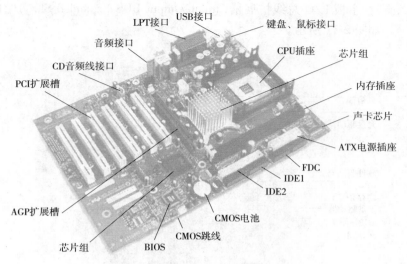

图 2-12　主板示意图

Intel 推出的另一种插座型号是 Slot1,是黑色条形插槽,有 242 个触点,是单边接触(S. E. C.)直插式。Slot 插座如图 2-14 所示。

图 2-13　针脚式 Socket 插座

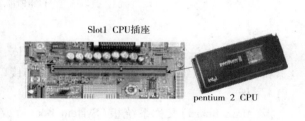

图 2-14　插卡式 Slot 插座

②外围芯片组(Chipset)。

外围芯片组(Chipset)是与各类 CPU 相配合的系统控制集成电路组,一般为两三个集成芯片,主要提供内存、总线、接口等的控制,包括 CPU 复位、地址总线控制、数据总线控制、中断控制、DMA 控制、定时器、振荡频率、浮点运算接口、Cache 控制、各种 I/O 总线和接口等。通常分为南桥和北桥两个部分,北桥主要是连接主机的 CPU、内存等,南桥主要是连接总线、接口等。芯片组与 CPU 一样,都是决定计算机性能和功能的最重要因素,选择主板时首先要了解它采用什么芯片组。如图 2-15 所示处即主板上的北桥、南桥芯片组。

外围芯片组的生产厂家较多,产品种类也较多,除了 Intel 的之外,还有 SiS(矽统科技)、VIA(威盛)等产品。

③系统 I/O 总线扩展插槽。

系统 I/O 总线扩展插槽(System I/O BUS Slots)是几个做在主板上的标准插座。这些插槽均与主板上的系统输入输出总线(包括数据总线、地址总线和控制总线)相连,我们把各种外部设备的适配器卡(Adapter Card)和系统功能扩展卡插入这些插槽,扩展电路板便与主系统电路连接起来,使更多的外设连入系统,从而使微机系统功能得以扩充。这些插槽按不同的国际标准分别称为 8 位 ISA 总线(也叫 PC BUS)、16 位 ISA 总线(也叫 AT BUS)、32 位 EISA 总线、32 位 VESA 总线(也叫 VL BUS)、32 位 PCI 总线和 32 位 AGP 总线,以及现在的 64 位总线等。

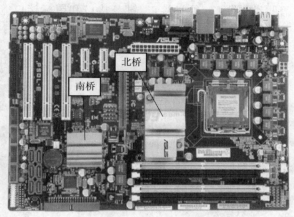

图 2-15　外围芯片组

PCI(Peripheral Component Interconnect) 总线:PCI 即外部设备互联总线,它的特点是使新外设(其实是在芯片级)能快速而简易地连接起来,这也是其名称的由来。目前 PCI 扩展卡已成为微机高速扩展卡的主流,包括显示卡、声卡、网卡、视频卡、Modem 卡等。PCI 是白色插槽独立结构,32 位 PCI 总线扩展插槽如图 2-16 所示。

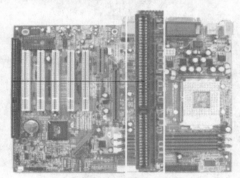

a)ISA总线扩展槽　　　　　　　　b)PCI局部总线扩展槽

图 2-16　ISA、PCI 总线扩展插槽

AGP(Accelerate Graphic Port,加速图形接口) 总线:AGP 是将显示卡与主板的芯片组直接相连,进行点对点传输,所以它不是那种通用性的总线,只用于支持 AGP 显示卡。AGP 插槽完全独立于原系统总线,且与先前的图形控制芯片、PCI 控制芯片及 CPU 不兼容。AGP 插槽为棕色插槽,扩展插槽的外形和引脚配置如图 2-17 所示。

④I/O 接口。

I/O 接口(I/O Interfaces Ports)的作用是将外部设备与系统连接起来和进行数据交换。有通用的

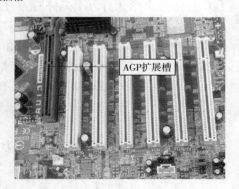

图 2-17　AGP 扩展插槽

RS-232C串行通信接口、Centronic 并行通信接口和 USB(Universal Serial Bus)高速串行接口等,可以接打印机、扫描仪、调制解调器、数码相机、数字化仪、绘图仪甚至显示器等设备。还有一些专用接口,如软盘驱动器接口、硬盘接口、键盘接口和鼠标接口等。如图 2-18、图 2-19 所示。

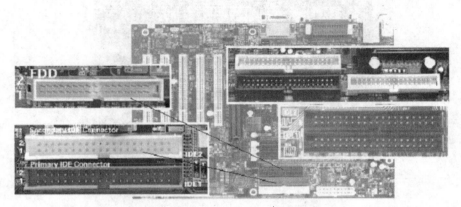

图 2-18 软盘驱动器接口、硬盘接口

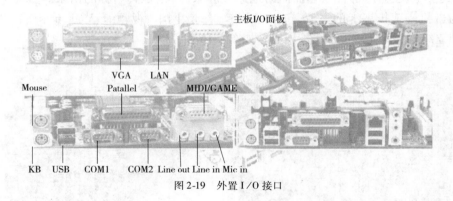

图 2-19 外置 I/O 接口

（2）中央处理器——CPU

中央处理器(Central Processing Unit——CPU),又称微处理器(Micro-Processor),其内部是由几十万个到几百万个晶体管元件组成的十分复杂的电路,是利用大规模集成电路技术,把整个运算器、控制器集成在一块芯片上的集成电路。CPU 内部可分为控制单元、逻辑单元和存储单元三大部分。这三大部分相互协调,完成分析、判断、运算并控制计算机各部分协调工作,是整个微机系统的核心。衡量 CPU 性能的主要技术参数有:

①主频:是指 CPU 的工作频率,单位为 MHz 或 GHz,表示计算机执行指令的速度。

②字长:是指 CPU 可以同时传送数据的位数,字长较长的 CPU 处理数据的能力较强,精度也较高。

③外频:CPU 的基准频率,单位为 MHz。外频是 CPU 与主板之间同步运行的速度。

④一级高级缓存(L1 Cache):它是封闭在 CPU 内部的高速缓存,用于暂时存储 CPU 运算时的部分指令和数据,容量单位一般为 KB。

⑤二级高级缓存(L2 Cache):一般与 CPU 封装在一起,可以提高内存和 CPU 之间的数

据交换频率,提高计算机的总体性能。

Pentium 4 处理器和 Athlon 处理器如图 2-20、图 2-21 所示。

图 2-20　Pentium 4 处理器　　　　　　　　　　图 2-21　Athlon 处理器

(3)内部存储器(主存)

微型计算机的内存由主板和内存条上安装的多种存储器集成电路组成,如只读存储器 ROM、随机读写存储器 RAM。内存用于存储 CPU 正在运行的程序和操作数据,即我们常说的"某文件常驻内存"或"某文件加载到内存"。主机配备的内存存储容量大小应根据系统运行的操作系统和应用程序的需要而定,如果要求运行复杂的操作系统和同时运行多个应用程序,所需内存就要更大些。内存的重要指标有:内存容量、内存速度、内存芯片种类等。

①内存速度。

内存速度包括内存芯片的存取速度和内存总线的速度。内存存取速度即读、写内存单元数据的时间,单位是毫微秒(ns)。1 秒(s) = 103 毫秒(ms) = 106 微秒(μs) = 109 毫微秒(ns)。常用内存芯片的速度为几个~几十毫微秒。内存总线的速度由总线工作时钟决定,如 33MHz、66MHz、100MHz 和 133MHz 等,所谓 PC-100 和 PC-133 的 SDRAM 内存,就是指分别满足 100MHz 和 133MHz 总线的内存条。由于频率和周期互为倒数,10ns 和 7.5ns 的内存分别对应于 100MHz 和 133MHz 总线时钟。

②内存芯片种类。

内存芯片分为只读存储器 ROM 和随机存取存储器 RAM 两大类。ROM 又分为可编程的 PROM、可用紫外线擦除可编程的 EPROM 和可用电擦除可编程的 EEPROM 等。RAM 又分为动态 DRAM、静态 SRAM、CMOS RAM 和视频的 VRAM 等。DRAM、SRAM、VRAM 等还有各种不同类型。

ROM(Read Only Memory):是一种只能读取而不能写入的存储器,主要用于存放不需要改变的信息。这些信息由厂商通过特殊设备写入,关掉电源后存储器中的信息仍然存在。

ROM BIOS:BIOS(Basic Input Output System)即基本输入输出系统,它是唯一安装在主板上的程序。开机后首先执行 BIOS,并引导系统进入正常工作状态。BIOS 是微机系统的最基础程序,被固化在主板上的 ROM 中,因此也叫作 ROM BIOS。所谓"固化"是说 BIOS 程序是以物理的方式保存在 ROM 芯片中的,即使关机也不会丢失。BIOS 程序包括开机后的系统加电自检程序 POST(Power On Self Test)、装入引导程序、外部设备(键盘、显示器、磁盘驱动器、打印机和异步通信接口等)驱动程序和时钟(日期和时间)控制程序等。这些程序在开机后由 CPU 自动顺序执行,使系统进入正常工作状态,以便引导操作系统。PC 机的 BIOS 程序主要有 AMI、Phoenix 和 AWARD 等的产品。BIOS 芯片如图 2-22 所示。

图 2-22　BIOS 芯片

RAM(Random Access Memory):随机存储器即常说的内存,RAM 中的信息可以通过指令随时读取和写入,在工作时存放运行的程序和使用的数据,系统内存主要由这类芯片构成。它的功能是存储(或叫作"加载")运行着的系统程序、应用程序和用户数据等。断电后 RAM 中的内容自行消失。

DRAM:动态 RAM(Dynamical RAM)芯片。缺点是读写速度较慢(几十毫微秒),与 CPU 的速度差距较大。我们通常所说的"内存"主要由它构成,常见的型号有 DRAM(Synchronous DRAM,同步动态随机存储器)内存条、SDRAM(Double Data Rate SDRAM,双倍数据速度 SDRAM)内存条、DRDRAM(Direct Rambus DRAM)内存条等。

DDR 内存条(图 2-23)目前使用的用户较多,DDR 性能非常优良,价格比较贵,被广泛应用于多媒体领域。

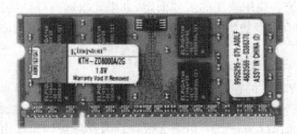

图 2-23　DDR 内存条

SRAM:静态 RAM(Statical RAM)芯片。优点是读写速度快(十几毫微秒),与 CPU 的速度接近,缺点是集成度低,价格较高。因此,一般以几个 SRAM 芯片作为主存储器的小容量(256KB 或 512KB)高速缓存,即通常所说的外部 Cache(External Cache),或叫作 L2 Cache(Level 2 Cache)。它的作用是在 CPU 与主存储器之间建立一个高速缓冲存储器,减少高速 CPU 对低速主存的访问,从而提高系统运行速度。

CMOS RAM:互补金属氧化物半导体 RAM 芯片。它的特点是耗电极少,关机后以一个 3.6V 左右的小充电电池供电,就可以保证其内部存储的信息不丢失,同时它可读又可写。利用它的这些特点,用它来存储系统的硬件配置信息,如系统的时钟(日期和时间)、硬盘驱动器类型、软盘驱动器类型、显示模式、内存构成和硬件的特殊工作状态参数等,使得这些信息在关机后不会丢失。如果系统的硬件配置有变化,还可通过 CMOS Setup 程序做相应的改写。

2)外部存储设备

外部存储器用于存放系统文件、大型文件、数据库等大量程序与数据信息,它们位于主机范畴之外,常称为外部存储器,简称外存。常用的外部存储器有软驱和软盘、硬盘、光存储器、闪存盘（优盘）等。

（1）磁盘的技术指标

①磁道（Track）：当磁头不动时，盘片转动一周被磁头扫过的一个圆周。每一盘面可分成若干个同心圆，即若干个磁道，其中最外层的是 0 磁道。0 磁道中存有文件分配表（FAT）信息。

②扇区（Sector）：把每个磁道分成许多等长区段，每个区段叫作一个扇区（Sector）。一个扇区的存储容量通常为 512 字节。

③簇（Cluster）：一个磁道上的一个或更多扇区组合成一个簇，簇是 DOS 用来存储文件信息的最小单位。

④磁盘容量 = 磁面（数）×磁道/磁面×扇区/磁道×字节/扇区。

磁道结构及磁道扇区划分示意图如图 2-24 所示。

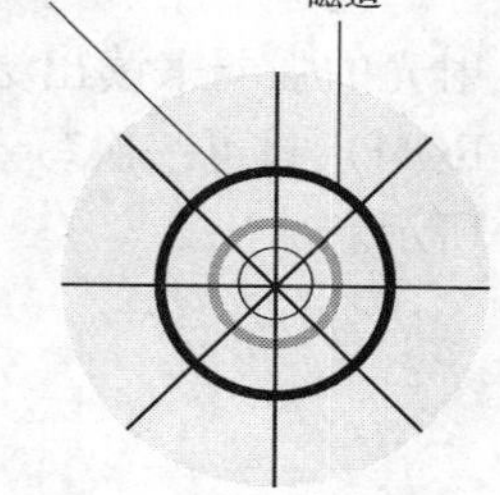

（2）软盘驱动器和软磁盘

软盘驱动器（FDD）又称为软驱，由盘片驱动系统、磁头定位系统、数据读写系统等组成，软驱的基本作用是读取软盘中的数据，目前几乎不使用了。图 2-25 为软驱和软盘图。

图 2-24 磁道结构及磁道扇区划分示意图

（3）硬（磁）盘

硬盘驱动器 HDD（Hard Disk Driver）是微型计算机的基本外部存储设备。硬盘磁盘片是固定在驱动器内部的，所以也可统称为硬盘。硬盘系统包括硬盘驱动器（内含硬盘）、连接电缆和硬盘适配器，现在硬盘适配器即接口控制部分集成在主板上。按其接口类型分有 IDE 接口、串行 ATA 接口、SCSI 接口和 SATA 等多种，目前使用最多的是 SATA 接口。硬盘外观如图 2-26 所示。

图 2-25 软驱和软盘

图 2-26 硬盘

硬盘像软盘一样，也划分为磁面、磁道（柱面数）和扇区，不同的是，一个硬盘含若干个磁性圆盘，每个盘片有 2 个磁面，每个磁面各有一个读写磁头，每个磁面上的磁道数和每个磁道上的扇区数也因硬盘的规格不同而相异。硬盘的技术参数很多，其中柱面数、磁头数和扇区数称为硬盘的物理结构参数，常常以"C/H/S"标注在硬盘的盘面上。硬盘的容量也发展迅速，已经从过去的几百 MB，发展到现在的几百 GB。

硬盘的存储容量（Size）指硬盘可以存储的数据字节数，分为非格式化容量和格式化容量，单位为 MB（1MB = 1024 × 1024 字节）和 GB（1GB = 1024MB），格式化容量一般为非格式化容量的百分之八十。格式化容量（GB）= 柱面数×磁头数×扇区数×512 ÷ 1024 ÷ 1024 ÷ 1024。

（4）光盘驱动器和光盘

光盘驱动器简称光驱，主要有 CD-ROM 和 DVD 两种，它是读取光盘信息的设备。光驱读取资料的速度称为倍速，它是衡量光驱性能的重要指标，单倍速的速度是 150KB/s，所以 50 倍速的光驱的数据传输速率为 50×150KB/s = 7500KB/s。光驱外观如图 2-27 所示。

光盘采用磁光材料作为存储介质，通过改变记录介质的折光率保存信息，根据激光束反射光的强弱来读出数据。根据性能和用途的不同，光盘存储器可分为只读型光盘（CD-ROM）、只可一次写入型光盘（CD-R）和可重写型光盘（CD-RW）3 种。光盘外观如图 2-28 所示。

图 2-27　光驱

图 2-28　光盘外观

刻录机：随着光技术的不断进步，成本的不断降低，光盘刻录机的使用已经十分普及。光盘刻录机按照功能可以分为 CD-RW 和 DVD-RW 两种。读取速度也是刻录机的主要性能指标，对刻录机而言，分为读取速度、写入速度和复写速度；其中写入速度是最重要的指标，写入速度直接决定了刻录机的性能、档次与价格。刻录机的外形和光驱相似。

图 2-29　闪存盘

（5）其他外部存储设备

闪存（Flash Memory）移动存储产品：闪存盘主要通过 USB、PCMCIA 等接口与电脑连接，目前最常见的是 USB 闪存盘。闪存盘外观如图 2-29 所示。

（6）磁盘阵列（Magnetic Disk Array）

用多台磁盘存储器组成的快速大容量的外存储子系统。在阵列控制器的组织管理下，能实现数据的并行、交叉或单独存储操作。

（7）移动硬盘

容量大，单位存储成本低；速度快；兼容性好，即插即用；具有良好的抗震性能。

3）输入设备

微型机的输入设备主要包括：键盘、鼠标、扫描仪、光笔、数字化仪、条形码阅读器、数字摄像机、数码相机、麦克风、触摸屏等。

（1）键盘

键盘（Keyboard）是微机系统最早使用和最基本的输入设备。尽管随着图形用户界面的出现，鼠标器在很大程度上替代了键盘的操作功能，但在字符输入等方面键盘还有其独特的优势。101 键键盘是目前普遍使用的标准键盘。104 键键盘配合 Windows，增加了 3 个直接对开始菜单和窗口菜单操作的按键。键盘上的按键按其功能分为四个区，如图 2-30 所示。

①主键盘区：与标准的英文打字机键盘的排列基本一样。

②功能键区：共 12 个键，F1～F12，分别由软件指定它们的功能。

③编辑键区：包括文本编辑时常用的几个功能键，如移动插入点、上下翻页、插入/改写、删除等。

④数字/编辑键区：键盘最右边的一个类似计算器的小键盘。具有编辑和输入数字两种功能（用 Num Lock 键切换）。

图 2-30　键盘

（2）鼠标

鼠标（Mouse）是伴随着图形用户操作界面软件的出现而出现的，也是微机的重要输入设备。它以直观和操作简易等优点而得到广泛使用，目前几乎所有的应用软件都支持鼠标输入方式。特别是 Windows 这类操作系统，对许多人来说，如果离开了鼠标，只用键盘会觉得难以操作。目前微机常用的有机械式（半光电式）鼠标和光电式（光学）鼠标，如图 2-31 所示。前者精度不高、原理简单、价格便宜，多为一般用户所选择，后者质量及精度较高但价格也高，多用于专业制图。

鼠标有 5 种基本操作：指向、单击、双击、拖动和右键单击。

图 2-31　鼠标

（3）扫描仪

扫描仪可以把彩色印刷品、照片和胶片等的图像输入计算机，保存为文件，便于进行图像处理。还可以使用光学字符识别软件 OCR（Optical Character Recognition），将印刷品中的中文字符从图像形式自动转换为文本中的汉字，便于编辑。加之其性能指标的提高和价格的降低，目前扫描仪已经成为与微机系统配套使用的基本图像输入设备。扫描仪外观如图 2-32 所示。

（4）数码相机

数码相机也叫数字式相机，与普通光学相机相比，它的最大优点在于数字化信号便于处理、保存和传送。数码相机的外观和基本操作方法与普通相机差不多，但自动化程度（傻瓜性）更高。数码相机的关键部件是电荷耦合器件 CCD（Charge Couple Device），CCD 是由高感光度的半导体材料做成，它可以将光线的强度形成电荷的积累，再由模数转换（ADC）电路转换成数字信号，照片数字信号经过压缩后保存到相机内部的闪存存储卡或微型硬盘中。数码相机的外观如图 2-33 所示。主要性能指标有：像素、分辨率、存储容量、变焦性能和接口类型。

图 2-32　扫描仪

图 2-33　数码相机

4）输出设备

微型计算机常见的输出设备包括：屏幕显示设备、打印机、绘图仪等。

屏幕显示设备用于显示输出各种数据。显示器主要有阴极射线管（CRT）和液晶显示（LCD）以及等离子体显示（PDP）三种类型。液晶显示器是目前的主流产品。

（1）显示卡（Video Card）

显示卡简称显卡，如图 2-34 所示，是 CPU 与显示器之间的接口电路，因此也称为显示适配器，显示系统性能的高低主要由显示卡决定。显示卡的作用是在 CPU 的控制下将主机送来的显示数据转换为视频和同步信号送到显示器，再由显示器形成屏幕画面。目前计算机上配置的显卡大部分为 AGP 接口，这样的显卡本身具有加速图形处理的功能，相对于 CPU而言，常常将这种类型的显卡称为 GPU。

图 2-34　显示卡

（2）显示器

微机显示系统的指标高低首先取决于显示卡，即由显示卡决定输出视频信号的质量。但是，如果没有同样高指标的显示器，即使有了高质量的视频信号，也不可能实现高质量的显示画面。显示器是微机最主要的输出设备，通过显卡和计算机相连接。从所使用的显示管区分，可分为阴极射线管显示器（又称显像管或 CRT）、发光二极管显示器（LDD）、液晶显示器（LCD）。

根据显示器的颜色可分为单色显示器和彩色显示器。显示器的屏幕尺寸:14 英寸、15 英寸、17 英寸、21 英寸等。分辨率是显示器的一项技术指标，一般用"横向点数×纵向点数"表示，主要有 640×480、800×600、1024×768、1280×1024、1600×1280 等，分辨率越高则显示效果越清晰。显示器的点距:指屏幕上荧光点间的距离。现有的 0.20,0.25,0.26,0.28,0.31,0.39（mm）等，点距越小则显示效果越清晰。显示器的刷新频率:每分钟屏幕画面更新的次数，一般是 75～200Hz。

显示器的调节方式有低档的旋钮式和高档的数字式。显示器外形如图 2-35 所示。

图 2-35　显示器

（3）打印机

打印机是计算机需要配备的基本输出设备，它的作用是将计算机的文本、图形等转印到普通纸、蜡纸、复写纸和投影胶片等介质上，形成"硬拷贝"，便于使用和长期保存。按照转印原理的不同，常用打印机可分为针式打印机、激光打印机和喷墨打印机 3 大类，还有热转印打印机等。针式打印机属于有触点打印，其余均属于无触点打印。打印机通过计算机的并行接口与主机相连，还要接受计算机的专门打印命令的控制。因此，打印系统除了包括打印机本身，还包括打印机连接电缆和打印机驱动程序。

打印机的主要技术指标有:打印速度，用 CPS（字符/秒）表示;打印分辨率，用 DPI（点/英寸）表示;最大打印尺寸，采用 A4 或 A3。打印机外形如图 2-36 所示。

图 2-36　打印机

（4）绘图仪

常见的绘图仪有两种：平板式与滚筒式。平板式绘图仪通过绘图笔架在 X、Y 平面上移动而画出向量图。滚筒式绘图仪的绘图纸沿垂直方向运动，绘图笔沿水平方向运动，由此画出向量图。绘图仪外形如图 2-37 所示。

2.3.3　微型计算机软件系统

硬件建立了计算机的物质基础，而各种软件则扩大了计算机的功能。微型计算机系统的结构如图 2-38 所示。

图 2-37　绘图仪

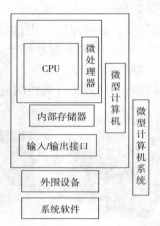

图 2-38　微处理器、微型计算机
和微型计算机系统

1）系统软件

（1）Windows 操作系统

Windows 是美国 Microsoft（微软）公司为个人计算机开发的一种操作系统，它提供给用户的人—机交流环境是图形窗口界面。

在 Windows 环境中，每个文件、文件夹和应用程序都可以用图标来表示，通过鼠标操作就可以完成文件的复制、删除和打印。另外，用户也可以在非常普通的用户界面中，存取计算机环境中的所有组件，包括文档、应用程序、网络成员、邮箱、打印机等。

（2）linux 操作系统

linux 是由芬兰科学家 Linus Torvalds 编写的一个操作系统内核。当时他还是芬兰赫尔辛基大学计算机系的学生。linux 把这个系统放在 Internet 上，允许自由下载，许多人对这个系统进行改进、扩充、完善，并做出了关键性的贡献。计算机的许多大公司，如 IBM、Intel、Oracle、Sun、Compaq 等都大力支持 linux 操作系统。linux 是一种和国际上流行的 Unix 同类的操作系统。但是 Unix 是商品软件，而 linux 则是一种自由软件。它是遵循 GNU 组织倡导的 general public licence（GPL）规则而开发的，其源代码可以免费向一般公众提供。

（3）Unix 操作系统

UNIX 是一种通用的、多用户交互式分时操作系统。它是目前使用广泛、影响较大的主流操作系统之一。由于它结构简练，功能强大，而且具有移植性好，兼容性较强以及伸缩性和互操作性强等特色,故被认为是操作系统的经典。

(4)目前广泛使用的其他系统软件

数据库管理系统如 Oracle、Visual FoxPro;语言处理程序如 Java、C++ 、VB 等;系统服务程序等。

2)应用软件

随着微机应用领域的日益扩展,应用软件也越来越多,例如用于写文章的 WPS、Word 等,用于画画、作曲的创作工具软件,用于娱乐的游戏软件、CD 和 VCD 播放软件,用于学习新知识的教学软件、电子图书软件等,不胜枚举。对广大的普通用户而言,只要学会使用操作系统和有选择地学会使用某些应用软件,就能让微机为你做许许多多的工作。

2.3.4 微型计算机的安装与设置

无论是自己动手组装一台微机,即所谓的 DIY(Do It Yourself),还是对用户的老机器进行性能改进(或叫升级换代),还是对用户机器的硬件故障进行板级维修,拆装微机的硬件部件和重新安装系统软件都是经常要做的工作,也是微机维修的最基本技能。特别是近年来,微机部件兼容性和质量不断提高,价格不断下降,自己拆卸更换故障部件已成为可能,自己动手组装一台微机也并非难事。

1)硬件的安装

微机硬件安装是指把各种基本部件和设备按技术要求组装连接在一起,从而构成一个完整的微机硬件系统,并使之能开机进入正常的工作状态。这首先要求所选用的各个基本部件和设备都是完好无损、性能指标相匹配、与 IBM 微机标准有着良好的兼容性、与操作系统也具有良好的兼容性。目前完全不兼容的部件已很少见了,但有些部件也存在软硬件兼容性差的问题。在硬件维修时,在对损坏或需要升级的部件进行单独拆装时,同样要求考虑其兼容性。整个硬件系统的安装示意如图 2-39 所示。

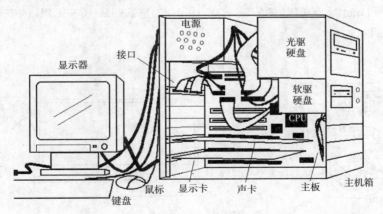

图 2-39　硬件系统安装示意

在对主板、显卡等各个印刷电路板卡进行安装时,应注意手上过强的静电场会击穿某些集成电路芯片,造成板卡报废。因此,在专门的维修间,维修人员要戴上抗静电腕套,操作台上要铺设抗静电橡胶板等。如果没有这个条件,即使是偶尔的操作,也要设法将身体过强的静电释放,比如触摸良好的接地金属物等。通常这些板卡是装在深灰色的防静电袋中,当你从袋中取出板卡时,应当用手握住电路板的绝缘部分(如塑料总线插座等)或边缘处的空白部分,尽量不要用手去直接触摸电路板的印制线、元件脚和集成电路等。另外根据经验,通常应首先将电源、主板(包括 CPU 和内存)、PC 喇叭、显示卡和显示器这几个最基本部件,在绝缘的桌面上(机箱外)初步连接,加电测试,证明工作正常后,再正式装入机箱。在故障比较难于判断的维修中,也可以将这些基本硬件摊在桌面上连接和检查,以避免来回插拔造成意外损坏。基本部件连接如图 2-40 所示。

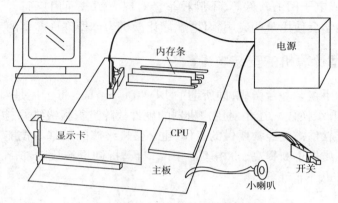

图 2-40　最基本部件的连接测试

硬件系统的安装步骤:

(1)打开主机箱上盖。

(2)把微机电源部件放在背板处指定位置的电源安放支架上,拧紧背板上的四个电源固定螺丝。如果是 AT 电源,可按电源部件上的示意图连接好机箱面板上的电源开关。

(3)按照 CPU 说明书,将 CPU、CPU 散热片和风扇正确安装到主板上,连接风扇电源,图 2-41 是 Socket 和 Slot 插座 CPU 的安装示意,图 2-42 是 Socket 插座 CPU 的安装,图 2-43 是 Slot 插座 CPU 的照片。

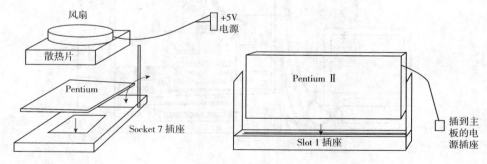

图 2-41　CPU 的安装

(4)按主板说明书中内存条配置的规定,把内存条装到适当的内存插槽上。内存条安装要注意不能插反和错位,不能强行用力插拔,否则极易造成接触不良,甚至损坏插座而无法挽回。内存条的安装如图 2-44 所示。

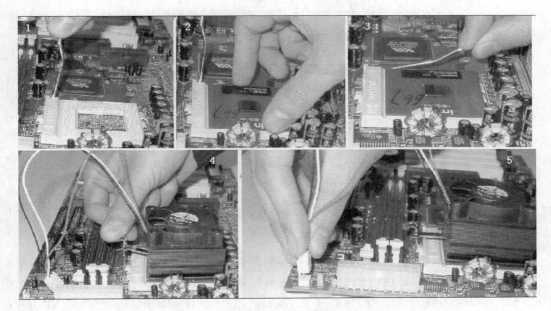

图 2-42　Socket 插座 CPU

图 2-43　Slot 插座 CPU

图 2-44　内存条的安装

（5）按主板说明书设置好主板上的 CPU 类型、电源、频率跳线和其他各跳线。用固定螺钉和塑料支架将主板安装到机箱的主板位置上。主板可能有若干安装孔位供你选择，建议选择最吃力的三个部位安装三个螺钉（四个螺钉就有可能扭曲主板），另外的吃力部位均可使用塑料支架固定。吃力部位是指扩展卡插槽、后沿接口插座、软硬盘插座、电源插座和内存插槽等可能要经常用力拔插的部位，这些位置如果不用支架固定，很容易使主板上的电路等折断。主板固定位置如图 2-45 所示。

图 2-45　主板的安装

（6）首先确保撤去 220V 市电。把 AT 电源部件的两个六线插头（P8 和 P9）插到主板的电源插座上,注意四条黑色的接地线相靠在中间,且插头不要错位插入。对于 ATX 型电源,则将其 20 线白色方插头插入主板电源插座,如图 2-46 所示。

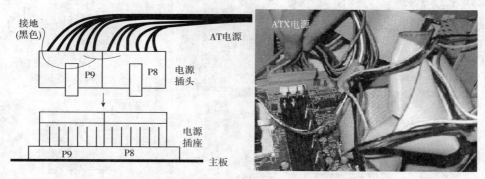

图 2-46　电源的主板连接

(7)把机箱面板上的各开关按键和各指示灯的连接插头按主板说明书的要求插到主板上的相应插针上,包括 PC 扬声器 SPK、电源指示灯 PWR LED、硬盘工作指示灯 HDD LED 或 IDE LED、系统复位按键 RESET、加速开关 TB SW、加速指示灯 TB LED 和键盘锁 KB LOCK 等。ATX 结构主板还有电源开关 PWR、系统信息指示灯 MSG LED 和睡眠(节电方式)开关 SMI 等。有些机箱面板上还有数码管指示主板的系统时钟频率,可以按照随机箱提供的说明书调整显示跳线的设置以使数码管显示与实际安装的 CPU 主频相符,如果 TURBO 开关有效,则调整跳线时要考虑符合高、低速两种主频的显示。

(8)把硬盘(IDE)、光驱和软盘驱动器分别放进规定的安装支架内,上好固定螺钉。螺钉规格有粗细两种,要对应使用。插好各自的电源插头。插好硬盘(IDE)和光驱的 40 线信号电缆,红线对准 1 号针。插好软盘驱动器的 34 线信号电缆,红线对准 1 号针。在主板(或多功能卡)上,插好硬盘(IDE)和光驱的 40 线信号电缆,红线对准 1 号针,插好软盘驱动器的 34 线信号电缆,红线对准 1 号针,插好来自机箱面板的硬盘(IDE)指示灯 HDD LED(或 IDE LED)插头。驱动器的安装如图 2-47 所示。

(9)串行 ATA 硬盘安装:串行 ATA 硬盘的安装步骤与传统硬盘并没有什么不同,先找到合适的位置固定好硬盘,然后连接好数据线和电源线就可以了。

(10)如果串并口等插座不是直接做在主板上,则把 25 针并口插座接到 LPT1(或 PRINTER)上,把 9 针串口插座接到 COM1 上,把 25 针串口插座接到 COM2 上,把 15 针游戏棒插座接到 GAME 口上。把机箱上的 I/O 扩展插槽的背后封片去掉,插上相应的扩展卡,如显示卡、I/O 多功能卡、声卡和 Modem 卡等,要仔细对准,稳稳插入,确保插到底和接触良好,上好固定螺钉,如图 2-48 所示。连接光驱和声卡间的四芯音频线。最后检查一遍各部分安装是否正确。

以上介绍的是机箱内部各种配件的安装方法,下面介绍外面配件的安装方法:

(1)把鼠标插头插到 9 针串口插座(或 PS/2 插座)上。插好键盘,如图 2-49 所示。把显示器的 15 针信号插头插到显示卡的 VGA 输出插座上,把显示器的电源插头插到主机电源的显示器电源插座上,打开显示器的开关(以后为"常开"即可)。连接好声卡的音箱等。确认关闭了机箱的电源开关,再把主机电源的 220V 电源线连接到市电插座上。

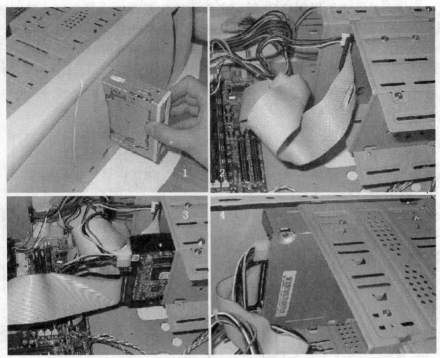

图 2-47 驱动器的安装

图 2-48 扩展卡的安装

图 2-49 鼠标和键盘的连接

（2）打开主机电源开关。检查一下电源风扇和 CPU 风扇都应转动。检查主机面板上电源指示灯应常亮。扬声器在加电自检（POST）时应有提示音响。硬盘指示灯在硬盘工作时应闪亮。按几次 Turbo 开关，Turbo 灯应亮或熄灭，数码管显示应为高主频或低主频，并且都应与主板的高速或低速工作状态正确对应。

（3）观察显示器的显示是否正常。根据显示画面，分别调整显示器的亮度（Brightness）、对比度（Contrast）、行幅（H-Size）、行中心（H-Center）、场幅（V-Size）、场中心（V-Center）和枕形失真（Pincushion）等，使画面光栅最佳。如上述工作均正确，则硬件安装成功。关机，上好机箱紧固螺丝。

2）主板的设置

（1）主板上的系统设置跳线和开关

主板上分布着许多用于系统硬件设置的跳线（Jumper Pin）和开关（DIP Switch），还有各种连接器(Connector)。这里以图 2-50 所示主板元件位置为例进行介绍。图中的 SW1 和 SW2 是系统和 CPU 速度设置开关,这是两个 DIP 微型开关组。SW1 有 6 个开关,SW2 有 4 个开关,每个开关都有开 ON 和关 OFF 两个状态,可以用小镊子拨动开关到 ON 或 OFF 位置 (本质上就是使其所在的电路接通或阻断)。跳线的设置就是将短路片插到指定的两个针上 使之短路,这相当于开关的闭合,所以跳线的这种状态称为 Short 或 Close 或 On。反之把短 路片取下的状态称为 Open 或 Off。

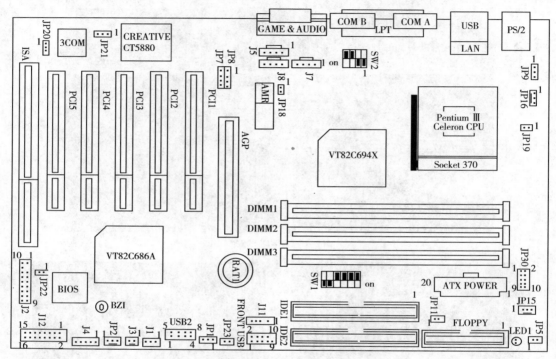

图 2-50　主板元件位置图

①CPU 主频选择开关

设置 CPU 的主频就是设置 CPU 的工作频率,它等于设置的外频和倍频的乘积。目前的 主板,选择 CPU 的外频也就选择定了总线频率。因此,通常都是根据主板支持的总线频率 来设置 CPU 的外频,否则有可能使别的部件工作不正常。

a. SW1 是系统 FSB 总线速度即 CPU 外频选择开关组,显然 SW1 开关组可以设置 64 种 不同的状态,但在这个主板上只有 10 个状态是有效的。要根据安装的 CPU 的不同设置 SW1,以便正确选择系统 FSB 总线速度即 CPU 的外频。SW1 设置如表 2-1 所示。

主板 SW1 跳线设置表　　　　　　　　　　　　　　　　表 2-1

总线速度 CPU 外频	PCI 总线时钟	SW1 设 置					
		DIP-1	DIP-2	DIP-3	DIP-4	DIP-5	DIP-6
AUTO	33.3MHz	OFF	OFF	OFF	OFF	ON	ON
66MHz	33.3MHz	ON	ON	OFF	OFF	OFF	OFF

续上表

总线速度 CPU 外频	PCI 总线时钟	SW1 设置					
		DIP-1	DIP-2	DIP-3	DIP-4	DIP-5	DIP-6
75MHz	37.5MHz	ON	ON	ON	OFF	OFF	OFF
83MHz	41.6MHz	ON	ON	OFF	ON	OFF	OFF
100MHz	33.3MHz	ON	OFF	OFF	OFF	OFF	OFF
112MHz	37.3MHz	ON	OFF	ON	OFF	OFF	OFF
124MHz	31MHz	OFF	OFF	OFF	ON	OFF	OFF
133MHz	33.3MHz	OFF	OFF	OFF	OFF	OFF	OFF
140MHz	35MHz	OFF	OFF	ON	ON	OFF	OFF
150MHz	37.5MHz	OFF	OFF	ON	OFF	OFF	OFF

标准的系统总线速度和 CPU 外频通常为 66MHz、100MHz 或 133MHz，这时建议均选择为 AUTO，即 SW1 的设置为"OFF、OFF、OFF、OFF、ON、ON"。

b. SW2 是 CPU 外频倍率选择开关组，SW2 开关组有 4 个开关，显然可以设置 16 种不同的状态，但在这个主板上只有 14 个状态是有效的。要根据安装的 CPU 的主频，选择规定的倍率。SW2 的设置如表 2-2 所示。

主板 SW2 跳线设置表　　　　　　　　　　　表 2-2

CPU 外频倍率	SW2 设置			
	DIP-1	DIP-2	DIP-3	DIP-4
×3	ON	OFF	ON	ON
×3.5	OFF	OFF	ON	ON
×4	ON	ON	OFF	ON
×4.5	OFF	ON	OFF	ON
×5	ON	OFF	OFF	ON
×5.5	OFF	OFF	OFF	ON
×6	ON	ON	ON	OFF
×6.5	OFF	ON	ON	OFF
×7	ON	OFF	ON	OFF
×7.5	OFF	OFF	ON	OFF
×8	ON	ON	OFF	OFF
×8.5	OFF	ON	OFF	OFF
×9	ON	OFF	OFF	OFF
×9.5	OFF	OFF	OFF	OFF

例如您选择安装的 CPU 是 Intel Pentium 1000。它的主频是 1000MHz，支持 133MHz 的系统 FSB 总线。这时应将 SW1 和 SW2 分别设置为"OFF、OFF、OFF、OFF、ON、ON"（AUTO = 133MHz）和"OFF、OFF、ON、OFF"（133MHz×7.5 = 997.5MHz）。

②复位 CMOS 数据跳线

主板前缘的 JP1 是 CMOS Reset，即清除 CMOS 中的设置数据的跳线。平时是 1-2 短路，若将 2-3 短路，可以清除此前用户设置的 CMOS 数据，如硬盘类型数据、密码等。

③主板内建声卡和网卡功能开关

主板后缘的 JP20 和 JP21 分别是主板整合声卡和网卡的开关，通常是 1-2 短路，声卡和网卡有效。若使 2-3 短路，则关闭声卡和网卡。

④内建 AC′97 和 AMR 选择

JP7、JP8 和 JP18 是主板内部的 AC′97 和 AMR 功能的选择跳线。AMR（Audio & Modem-Riser）是声效和调制解调器的专用接口。缺省设置是 JP7 的 1-2 短路、JP8 的 1-2 短路和 JP18 开路，选择 AC′97。若设置 JP7 的 3-4 短路、JP8 的 1-2 短路和 JP18 开路，则只选择 AMR。若设置 JP7 的 1-2 短路、JP8 的 3-4 短路和 JP18 短路，则选择 AC′97 和 AMR（次要）。

⑤BIOS 写入保护跳线

JP22 是闪存 BIOS 改写功能开关，缺省状态是 1-2 开路即没有写保护，这时可以改写 BIOS 程序，即对 BIOS 进行升级。但同时也会受到病毒（如 CIH）的破坏，使主板无效。所以应当将 JP22 短路，只有在升级 BIOS 时才将 JP22 开路。

⑥CPU 电压调节跳线

JP30 是 CPU 电压调节跳线，平时是 9-10 短路，为标准 CPU 电压。若将 7-8、5-6、3-4、1-2 分别短路，则可以将 CPU 电压分别调高 10%、20%、30%、40%。不主张轻易调高 CPU 电压，造成 CPU 超耗损工作。但有时在对 CPU 超频时，为了系统正常工作，需要适当调高 CPU 电压。

⑦STR 功能跳线和指示灯

JP11 是 STR（Suspend To RAM，悬挂到内存）功能跳线，即开关瞬间开机的功能。它的缺省状态是开路，即关闭 STR 功能。将其短路时，开启 STR 功能。JP5 是 STR 状态指示灯插座，应连接机箱面板上的 STR 指示灯。

（2）主板上的其他连接器

主板上还有一些不起眼，但却十分重要的连接器，如机箱面板连接器和 CPU 风扇连接器等，都必须一一正确可靠地连接。

①散热风扇（Cooling FAN）插座

有 3 个散热风扇插座，都可以连接 12V 直流电机风扇。JP16 是 CPU 散热风扇插座，1、2、3 针分别为 GND、+12V 和 CPU 温度传感器监测信号，应与 CPU 风扇插头连接。JP15 是电源散热风扇插座，1、2、3 针分别为 GND、+12V 和无定义，应与 ATX 电源的风扇插头连接。JP2 是系统散热风扇插座，1、2、3 针分别为 GND、+12V 和温度传感器监测信号，应与加装在机箱前面板的散热风扇插头连接。

②机箱前面板连接插座

主板前面的 J12 与上面介绍的 J2 相似也是机箱前面板上开关、指示灯的插座，但 J12 是新型的机箱前面板插座，它包括了软开关和红外线收发等插座。它的各个插针信号定义是：

1、3 脚为 HD LED +／－ 即硬盘工作指示灯插针。3 脚为 GN LED + 即绿色(省电模式)指示灯插针。4 脚为 PWR LED + 即电源指示灯插针。5、7 脚为 Reset SW 即系统复位按钮 RE-SET 插针。6、8 脚为 Soft On/Off 即软开关机按钮 POWER SW 插针。10、12 为 Green SW 即绿色(省电模式)按钮插针。9 脚为 +5V 电源。11、15 脚为 IR RX/TX 即红外线收发插针。16 脚为 IR Power 即红外线电源插针。13 脚为 GND 即接地线。14 脚为 NC 即暂未连接。最后还要指出,在主板上还有一个重要的集成电路叫 ICS 9248DF-39,它是一个多频率的系统时钟发生器,它输出的 14. 318、24、33、48、66、100 和 133MHz 频率的脉冲信号是驱动 CPU、外围芯片组、系统总线、内存和扩展卡等工作的基本时钟信号。

3)硬件参数设置(CMOS SETUP)

在硬件安装成功后,首先要进行的是根据硬件系统的构成情况,设置硬件配置参数,并将设置数据保存在 CMOS 芯片中,供 BIOS 取用,以保证硬件系统能正常和高效地工作。

在 BIOS 程序中,进行硬件参数设置的程序叫作 CMOS SETUP 程序,也叫作 BIOS SETUP 程序。掌握 SETUP 的使用方法,无论是对新装机器或是对今后升级机器以至于处理微机的许多故障,都是必需和重要的。不同的 BIOS 程序的操作画面、操作方法和选择项会有所不同,但差别不会很大,能够触类旁通。所以这里仅以一个 Pentium 主板的 AMI BIOS 为例,介绍其 CMOS SETUP 系统硬件参数设置的方法。最基本的常规的操作步骤如下:

(1)打开主机电源,注意屏幕显示。

(2)前面曾经提到过,对于不同的 ROM BIOS,启动 CMOS SETUP 程序的方法也有所不同。对于 AMI 和 AWARD 的 ROM BIOS,在开机后首先执行系统加电自检程序 POST,在进行到系统内存检测时,屏幕最下行会提示"Press ＜DEL＞ to enter SETUP,. ",让你迅速按Del 键执行 SETUP 程序。对于 Phoenix 的 ROM BIOS,可按 Ctrl + Alt + S 键执行 SETUP 程序。对别的某些 BIOS,也有按 Ctrl + Alt + Esc 执行 SETUP 程序的。

(3)按 Del 键执行 CMOS SETUP 程序后,屏幕显示 SETUP 主菜单,如图 2-51 所示。通常,为排除此前可能的任何错误设置,应首先选择系统硬件参数的出厂缺省设置值。按照屏幕下方的操作方法提示,把光标移到第六项"LOAD BIOS DEFAULTS"即加载 BIOS 缺省值上,或者第七项"LOAD SETUP DEFAULTS"即加载 SETUP 缺省值上,按 Enter 键。这时会出现屏幕提示"Load BIOS Defaults (Y/N)?"[或者"Load SETUP Defaults (Y/N)?"],按"Y"和Enter 键确认。这时,CMOS SETUP 的系统硬件参数全部恢复为工厂提供的缺省正确值。第六、七两项的区别是,前者为系统最保守的设置状态,它能排除设置错误造成的故障,保证

```
STANDARD  CMOS  SETUP            SUPERVISOR  PASSWORD
BIOS  FEATURES  SETUP            USER  PASSWORD
CHIPSET  FEATURES  SETUP         IDE  HDD  AUTO  TO  DETECTION
POWER MANAGEMENT SETUP           SAVE  &  EXIT  SETUP
PNP  AND  PCI  SETUP             EXIT  WITHOUT  SAVING
LOAD  BIOS  DEFAULTS
LOAD  SETUP  DEFAULTS
```

```
Standard  CMOS  Setup  Fo: Changing  Time,Date,Hard  Disk  Type,etc.
   Esc:Quit                    ↑ ↓ → ← : Select Item
   F10:Save  &  Quit           (Shift)F2: Change  Color
```

图 2-51　CMOS SETUP 的主菜单

系统起码能正常运行。后者为系统最佳的设置状态,它将所有能改变的参数均设置为内定的最佳值,从而使系统硬件工作在工厂确定的最佳状态。

(4)在主菜单上把光标移到第十项"IDE HDD AUTO DETECTION"即 IDE 接口硬盘类型参数的自动测定,按 Enter 键选中。这时 SETUP 程序将自动测定你安装的各个硬盘的类型参数,请你确认。硬盘参数通常以 Normal、LBA 和 Large 三种模式列出,目前的大硬盘通常都选择 LBA 方式参数。

(5)在主菜单上把光标移到第一项"STANDARD CMOS SETUP"即标准 CMOS SETUP,按 Enter 选中。在此项中分别设定系统实时钟(日期和时间)、硬盘类型(已自动设置)和软驱类型等。在此,也可以手动设置硬盘类型。

(6)在主菜单上把光标移到第十一项"SAVE & EXIT SETUP"即存储设置数据到 CMOS 中并退出 SETUP 程序,按 Enter 键,并确认。系统将重新启动使 CMOS 新数据起作用。

4)系统软件的安装

近年来,美国 Microsoft 公司的 Windows 操作系统的系列产品,广泛应用于微机中,本节以 Windows 7 为例,简单介绍操作系统的安装方法。

光盘安装系统是最简单的安装系统方法,下面将介绍如何用光盘自动安装 win 7 操作系统。

(1)光盘安装系统的前期准备

①一张带启动功能的 Windows 7 安装盘。

②在启动计算机的时候进入 BIOS 设置,把系统启动选项改为光盘启动,保存配置后放入系统光盘,重新启动计算机,让计算机用系统光盘启动。具体操作如下:

开启计算机,按"Del"键进入 BIOS 设置界面。如图 2-52 所示。

这时就进入了 BIOS 设置,如果设置了密码,这个时候会要求输入密码。然后可进行相应的操作,把计算机改成从光盘启动,完成后保存退出。如图 2-53 所示。

图 2-52　进入 BIOS 设置　　　　　　图 2-53　设置系统从光驱启动

(2)安装过程步骤:

①按下电脑的启动键,把光盘插入电脑的光驱中,将会自动进入光盘启动界面,屏幕上出现带有"Press any key to boot from CD…"字样的界面,随便按下键盘上的某个键即可。如图 2-54 所示。

②接着在出现的功能选择项中,选择安装 Win7 系统到 C 盘(若需要对硬盘进行分区,可以选择功能 4 运行 DiskGen 分区工具),如图 2-55 所示。

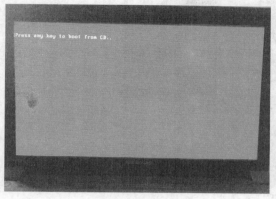

图 2-54 任意按键进入 CD

图 2-55 安装功能选择界面

a. 硬盘分区:

所谓分区就是在物理硬盘"空的"磁介质表面,写上一些系统信息如主引导扇区信息(主引导程序和分区表等),从而产生一个 DOS 的主分区(Primary Partition)即逻辑硬盘"C",再产生一个 DOS 扩展分区(Extened Partition)和扩展分区上的逻辑硬盘"D、E、F"等,还可能产生非 DOS 分区。

b. 硬盘格式化:

硬盘格式化是将已经分区的硬盘按照操作系统要求,写上一些系统信息如磁道(柱面数)等。

③自动进行系统还原操作,如图 2-56 所示。

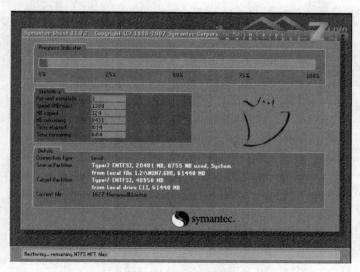

图 2-56 还原进度界面

④由于是全自动的系统安装过程,此处只截取有代表性的图片,如图 2-57 所示。

图 2-57　光盘安装过程图

⑤当出现如图 2-58 所示界面时,Win7 操作系统就安装完成了。

图 2-58　Win7 操作系统安装完成

习　题　2

一、单项选择题

1. 个人计算机属于(　　)。

    A. 微型计算机　　　　B. 小型计算机　　　　C. 中型计算机　　　　D. 小巨型计算机

2. CPU 能直接访问的存储器是(　　)。

    A. 软盘　　　　　　　B. 光盘　　　　　　　C. 内存　　　　　　　D. 硬盘

3. 机器指令是由二进制代码表示的,它能被计算机(　　)。

    A. 编译后执行　　　　B. 解释后执行　　　　C. 汇编后执行　　　　D. 直接执行

4. 构成计算机物理实体的部件被称为(　　)。

A. 计算机系统　　　B. 计算机硬件　　　C. 计算机软件　　　D. 计算机程序

5. 在计算机中,字节的英文名字是(　　)。

　　A. bit　　　　　　B. byte　　　　　　C. bou　　　　　　D. baud

6. 在计算机内存中,每个存储单元都有一个唯一的编号,称为(　　)。

　　A. 编号　　　　　　B. 容量　　　　　　C. 字节　　　　　　D. 地址

7. 一个完整的计算机系统应该包括(　　)。

　　A. 主机、键盘和显示器　　　　　　B. 系统软件和应用软件

　　C. 运算器、控制器和存储器　　　　D. 硬件系统和软件系统

8. 通常说的 1KB 是指(　　)。

　　A. 1000 个字节　　　　　　　　B. 1024 个字节

　　C. 1000 个二进制位　　　　　　D. 1024 个二进制位

9. "裸机"是指(　　)。

　　A. 只装备有操作系统的计算机　　　B. 不带输入输出设备的计算机

　　C. 未装备任何软件的计算机　　　　D. 计算机主机暴露在外

10. 计算机内存中的只读存储器简称为(　　)。

　　A. EMS　　　　　　B. RAM　　　　　　C. XMS　　　　　　D. ROM

11. 在计算机系统层次结构图中,操作系统应该处于第(　　)层。

　　A. 1　　　　　　　B. 2　　　　　　　C. 3　　　　　　　D. 4

12. 在下列存储器中,存取速度最快的是(　　)。

　　A. 软盘　　　　　　B. 光盘　　　　　　C. 硬盘　　　　　　D. 内存

13. 从用户的角度看,操作系统是(　　)的接口。

　　A. 主机和外设　　　　　　B. 计算机和用户

　　C. 软件和硬件　　　　　　D. 源程序和目标程序

14. 在计算机系统中,指挥和协调计算机工作的主要部件是(　　)。

　　A. 存储器　　　　　　B. 控制器　　　　　　C. 运算器　　　　　　D. 寄存器

15. 操作系统是计算机系统中最重要的(　　)之一。

　　A. 系统软件　　　　　　B. 应用软件　　　　　　C. 硬件　　　　　　D. 工具软件

16. 微型计算机的主机是指(　　)。

　　A. CPU 和运算器　　　　　　B. CPU 和控制器

　　C. CPU 和存储器　　　　　　D. CPU 和输入、输出设备

17. 关于扫描仪,以下说法正确的有(　　)。

　　A. 是输入设备　　　　　　B. 是输出设备

　　C. 是输入输出设备　　　　D. 不是输入也不是输出设备

18. 如果微机运行中突然断电,丢失数据的存储器是(　　)。

　　A. ROM　　　　　　B. RAM　　　　　　C. CD-ROM　　　　　　D. 磁盘

19. 下面关于总线的叙述中,正确的是(　　)。

　　A. 总线是连接计算机各部件的一根公共信号线

　　B. 总线是计算机中传送信息的公共通路

C. 微机的总线包括数据总线、控制总线和局部总线

D. 在微机中,所有设备都可以直接连接在总线上

20. "64 位微机"中的 64 指的是( )。

A. 微机型号   B. 内存容量   C. 处理器字长   D. 存储单位

二、填空题

1. 计算机能按照人们用计算机语言编制的_____进行工作。

2. 在微机的软件系统分类中,Word 属于_____软件。

3. 在微型计算机中,指挥和协调所有设备正常工作的部件是_____。

4. 微机中有一块非常重要的电路板,CPU、内存条、输入输出设备接口及多种电子元件都安装在此电路板上,此电路板被称为_____。

5. 目前常用的存储器容量单位有 KB,MB,GB 和 TB,其进率都是_____。

三、术语释义及简答题

1. 术语释义:计算机硬件系统、计算机软件系统、内存、外存、字节、容量、地址、指令、程序、总线、CPU、内存条、RAM、ROM、ROM BIOS、主板、裸机、磁道、扇区、磁盘(或 U 盘)格式化。

2. 简述计算机硬件五大部件的功能。

3. 什么叫系统软件、应用软件?

4. 简述"存储程序"原理的内容。

5. 为什么分内存和外存? 两者的主要区别是什么?

6. 简述计算机的工作过程。

7. 打印机分为哪几类?

8. 微型计算机中常用的输入/输出设备有哪些?

9. 微型计算机中常用的外部存储器有哪些?

10. 简述操作系统的功能,你所了解的操作系统有哪些?

11. 说说你使用的微机的硬件配置和软件配置。

第 3 章　程序设计基础

随着计算机应用领域不断扩大,现有的软件越来越不能满足人们的需求,大家都希望在自己的领域内能用到更实用的软件,这通常只有通过自己设计软件来实现。要想自己设计软件,首先需要有一定的程序设计基础。

3.1　程序和软件

3.1.1　程序和程序设计

计算机程序的定义是:计算机为完成某个任务所必须执行的一系列指令的集合。

从计算机的角度看,把指令排列成一定的执行顺序,能实现预定功能的指令序列,就叫作程序。由于计算机只能完成最简单的操作,如加法、传送数据等,这些操作被称为计算机指令,一台计算机能完成的指令总和称为计算机的指令系统。计算机无论做多么复杂和高级的工作,都要通过执行指令序列实现。

从人类的角度看,我们每天都会接触到很多"程序",做任何事情都需要按照既定的"程序"完成,这个"程序"就是我们完成一件事的步骤。在叙述这些步骤时,对懂得中文的人可以用中文,对懂得英文的人可以用英文,但如果想让计算机懂得这些步骤,就必须用计算机语言进行描述,这时得到的就是一段计算机的程序。此时计算机执行的每一个步骤叫指令。

使用计算机解决问题就是让计算机代替人脑的部分功能,按照人所规定的步骤对数据进行处理,这种方式与人类解决问题的方式十分相似,但也有其自身的特点。使用计算机解决问题时,除了需要使用计算机语言来描述解决问题的方法——算法(详见 3.2 小节),还必须涉及对数据进行处理,以及数据在计算机内的组织和存储方式——数据结构的问题。从这个意义上讲,计算机程序就是建立在数据结构基础上使用计算机语言描述的算法,可以得到程序 = 算法 + 数据结构。

程序设计的定义:将求解某个问题的算法,用计算机语言实现的过程。根据对程序的定义,有的学者就把程序设计表示为:程序设计 = 计算机(编程)语言 + 算法 + 数据结构。所以在进行程序设计时,必须解决三个问题:第一,掌握一门计算机(编程)语言,第二,设计出解决问题的步骤,最后,还要确定你所要处理的数据如何组织。

3.1.2　软件

软件包括一个在一定规模和体系结构的计算机中执行的程序,以及软件开发过程中涉及的各种文档和以各种形式存在的数据。也可以理解为软件是由程序、支持模块和数据模块组成的,为计算机提供必要的指令和数据来完成特定的功能,如文本生成、财务管理或Web浏览等。软件通常包含许多文件,在这些文件中有一个可执行文件,扩展名为.exe,即可执行程序,运行它就可以使用该软件,软件一般还含有安装和卸载该软件的其他文件,软件中的支持模块提供一组辅助指令集合以实现软件各程序间的连接,软件中的数据模块提供完成软件功能所必需的数据。例如,字处理软件的检查拼写,是通过把用户在文档输入的单词与字典文件中正确拼写的单词进行比较以确定拼写的正误。字典文件是数据模块,是字处理软件本身所携带的。

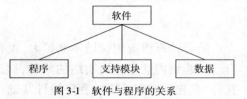

图 3-1 软件与程序的关系

因此程序不等于软件,程序只是软件的一个组成部分,如图 3-1 所示。

3.2 算 法

3.2.1 算法概述

算法是对问题求解过程的操作步骤的描述,是为解决一个或一类问题给出的一个确定的、有限的操作序列。从广义上说,算法就是为解决某一问题而采取的方法和步骤。这在日常生活中有许许多多的例子。例如,建筑蓝图可以看成是算法,建筑工程师设计出建筑物的施工蓝图,建筑工人根据蓝图施工就是执行算法;工作计划可以看成是算法,公司领导制订一定时期的工作计划,职员依据工作计划工作就是执行算法;乐谱也可以看成是算法,作曲家创作一首乐曲就是设计一个算法,演奏家按照乐谱演奏就是执行算法。

1)算法的特征

(1)一个算法必然是由一系列操作组成的,比如加、减,比较大小,输入、输出数据等;

(2)这一系列的操作必然是按一定的控制结构的规定来执行的,这里的控制结构即为顺序、选择、循环这三种基本结构。

顺序结构是最简单的一种基本结构,计算机在执行顺序结构的程序时按照书写程序的先后次序,自上而下逐条执行,中间没有跳跃和重复,如图 3-2 所示。

例 3-1 交换 A 瓶和 B 瓶内的溶液。第一步,将 A 瓶的溶液倒入 C 瓶中;第二步,将 B 瓶的溶液倒入 A 瓶中;第三步,将 C 瓶的溶液倒入 B 瓶中。用顺序结构图表示如图 3-3 所示。

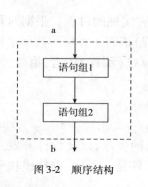

图 3-2 顺序结构

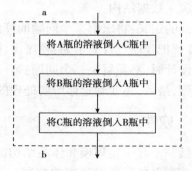

图 3-3 交换 A 瓶和 B 瓶内的溶液

选择结构是用于在程序需要根据某种条件成立与否有选择的执行一些语句时,因此在选择结构中有一个或多个条件。当计算机执行到选择结构时,就要根据条件是否满足来判断是否需要跳过某些语句不执行而执行另外一些语句,如图3-4所示。

例3-2　求两个数中的最大数。这里就需要进行判断,如果第一个数大于第二个数,就输出第一个数;如果不是,就输出第二个数。用选择结构流程图表示如图3-5所示。

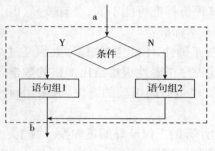

图3-4　选择结构

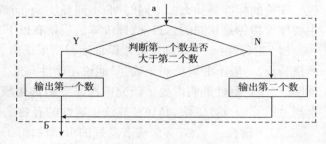

图3-5　求两个数中的最大数

循环结构是让计算机重复执行某些语句的结构。在循环结构中,也存在一个条件,当计算机执行到循环结构时,就要根据条件是否满足来判断是否需要重复执行某些语句,当执行完一次那些语句以后,再对条件进行判断,看是否需要再一次重复执行那些语句,如果不需要就退出循环结构,如图3-6所示。

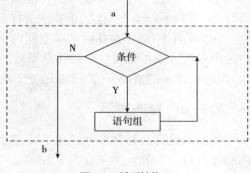

图3-6　循环结构

2)算法的性质

要用计算机处理问题,需要编写出使计算机按人们意愿工作的程序。编写程序之前要进行算法设计,然后再根据算法用某一种语言编写出程序,最后计算机执行这个程序。在进行算法设计时,应考虑算法应具有以下几个性质:

(1)有穷性:算法是一个有穷步骤序列,即一个算法必须在执行有穷步后结束。换言之,任何算法必须在有限的时间(合理的时间)内完成。显然,一个算法如果永远不能结束或需要运行相当长的时间才能结束,这样的算法是没有使用价值的。

(2)确定性:算法中的每一步骤必须有明确的定义,不能有二义性和不确定性。

(3)大于等于0个输入:算法执行过程中可以有0个或若干个输入数据,即算法处理的数据可以不输入(内部生成),也可从外部输入。少量数据适合内部生成,大量数据一般需从外部输入,所以多数算法中要有输入数据的步骤。

(4)大于等于1个输出:算法在执行过程中必须有1个以上输出操作,即算法中必须有输出数据的步骤。一个没有输出步骤的算法是毫无意义的。

(5)可执行性:算法中每一步骤是可实现的,即在现有计算机上是可执行的。如:当 B 是一个很小实数时,A/B 在代数中是正确的,但在算法中是不正确的,它在计算机上无法执行,要使 A/B 能正确执行,必须在算法中控制 B 满足条件:$|B|>\delta$,δ 是一个计算机允许的合理小实数。

3）评价算法的标准

在算法设计中,只强调算法特性是不够的。一个算法除了满足 5 个性质之外,还应该有一个质量问题。一个问题可有若干个不同的求解算法,一个算法又可有若干个不同的程序实现。在不同算法中有好算法,也有差算法,如:针对同一问题,执行 10min 的算法要比执行 10h 的算法好得多。设计高质量算法是设计高质量程序的基本前提。如何评价算法的质量呢? 评价的标准是什么? 不同时期、不同环境、不同情况其评价标准可能不同,会有差异,但主要评价指标是相同的。目前,评价算法质量有以下 4 个基本标准:

(1)正确性:一个好算法必须保证运行结果正确。算法正确性,不能主观臆断,必须经过严格验证,一般不能说绝对正确,只能说正确性高低。目前程序正确性很难给出严格的数学证明,程序正确性证明尚处于研究阶段。要多选用现有的、经过时间考验的算法,或采用科学规范的算法设计方法,是保证算法正确性的有效途径。

(2)可读性:一个好算法应有良好的可读性,好的可读性有助于保证好的正确性。科学、规范的程序设计方法(结构化和面向对象方法)可提高算法的可读性。

(3)通用性:一个好算法要尽可能通用,可适用一类问题的求解。如:设计求解一元二次方程 $2x^2+3x+1=0$ 的算法,该算法最好设计成求解一元二次方程 $ax^2+bx+c=0$ 的算法。

(4)高效率:效率包括时间和空间两个方面。一个好的算法应执行速度快、运用时间短、占用内存少。效率和可读性往往是矛盾的,可读性要优先于效率。目前,在计算机速度比较快,内存比较大的情况下,高效率已处于次要地位。

3.2.2 算法表示

目前描述算法有许多方式和工具,常用的有自然语言、流程图、N-S 流程图、伪代码、PAD图和计算机语言等。

1）自然语言描述算法

选择某种自然语言(如汉语)来描述算法。使用自然语言描述算法的优点是描述自然、灵活和多样。对初学者来说,用自然语言描述算法最为直接,没有语法语义障碍,容易理解。缺点是文字冗长,不够简明,尤其会出现含义不太严格,易产生歧义性,有悖于算法的确定性特征。在算法设计中应少用或不用自然语言描述算法。有时在设计初步算法时可适当采用自然语言描述,然后用其他描述工具细化算法描述。

例 3-3 求输入数的绝对值。

步骤 1:把数据输入到一个存储空间中;

步骤 2:判断存储空间内的值,如果大于等于 0,转步骤 4,否则转步骤 3;

步骤 3:将存储空间的内容取它的负数后,放回到存储空间内;

步骤 4:输出存储空间的值;

步骤 5:结束。

例 3-4 用洗衣机洗衣,设计并用自然语言描述其洗涤过程(算法)。

步骤 1:将待洗衣物放入洗衣机。

步骤 2:往洗衣机注水。

步骤 3:操作洗衣机进行洗涤。

步骤4:将洗衣机中的脏水放出。

步骤5:检查衣物是否洗净。

步骤6:若未洗净,则转步骤2,否则转步骤7。

步骤7:操作洗衣机进行衣物除水。

步骤8:取出衣物进行晾晒。

步骤9:结束。

2)传统流程图描述算法

所谓用流程图来描述算法,就是采用规定意义的图形来表示不同的操作,通过组合这些图形符号表示算法,也叫作框图。流程图是使用较为普遍的算法描述工具,其优点是直观形象、简洁清晰、易于理解,缺点是由于转移箭头的无约束使用,影响算法的可靠性。通过规范图形符号和对转移箭头的约束使用可削弱流程图的缺点,提高算法的可靠性。

(1)流程图的符号

流程图由行业标准规定的符号组成。流程图符号有很多,但只有少数符号被经常使用,下面列出这些常用的符号及意义,如图3-7所示。

a)开始结束框　　b)处理框　　c)判断框　　d)流程线　　e)连接点

图3-7　常用的流程图符号

开始结束框:表示流程图的起点或终点,即开始或结束,框中给出开始或结束说明。开始结束框只能有一个入口或一个出口。

处理框:表示各种处理功能,框中给出处理说明或一组操作。处理框只能有一个入口和一个出口。

判断框:表示一个逻辑判断,框中给出判断条件说明、条件表达式、逻辑表达式或算术表达式。判断框只能有一个入口,两个出口,但在执行过程中只有一个出口被激活。

流程线:表示算法执行方向。一般约定,流程图从上到下、从左到右执行。

连接点:表示流程线的断点(去向或来源),图中给出断点编号。连接框只能有一个入口或一个出口。

(2)流程图的绘制规则

在绘制流程图之前,应该了解一些关于流程图绘制的规则。因为只有了解和遵守这些规则,所编写的流程图才能够被其他程序员读懂。

规则1:使用标准的流程图符号。使用标准的流程图符号,其他程序员才能够理解你的流程图的意思,并且你也可以理解其他程序员的流程图的意思。

规则2:通常情况下,流程图的逻辑应该按照从页面顶端到页面底部、从左到右的顺序进行流动。如果流程图不遵守这个标准,那么它们就会变得混乱且难于理解。由于逻辑结构中的循环结构,流程图中可能会有一部分的流向是向上的,并且流向页面的左边,以重复执行某些操作,但流程图总体上的流向应该是向下的。

规则3:大多数流程图符号具有一个进入点和一个退出点,但判断符号具有两个退出点,根据判断的结果在两个退出点中激活一个使用。

规则4:判断符号应该始终询问一个"是"或"不是"的问题。

规则5:流程图内的指示的描述应该是非常清楚的,不应该使用编写语言的语句。

(3)流程图示例

例3-5 根据输入的长、宽、高数据,求长方体的体积。假设用于存放输入数据长、宽、高的存储空间的名称分别为a、b、c,存放体积的存储空间的名称为v。算法的流程图如图3-8所示。

例3-6 求输入数的绝对值,假设存放输入数据的存储空间的名称为a。算法的流程图如图3-9所示。

例3-7 用洗衣机洗衣,设计并用流程图描述其洗涤过程(算法),如图3-10所示。

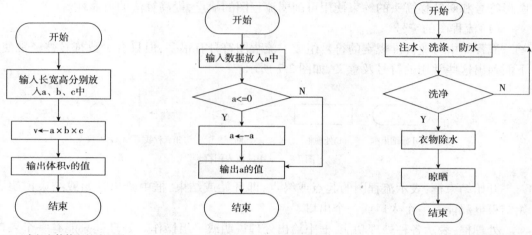

图3-8　求长方体体积的流程图　　图3-9　求输入数绝对值的流程图　　图3-10　洗涤过程流程图

3)N-S流程图描述算法

由于流程图中的流程线无任何约束机制,完全由设计人员人为控制,所以用流程图描述的算法其可靠性受到很大影响。针对流程图的缺点,1973年美国学者I. Nassi和B. Shneiderman提出了一种新的算法描述工具,即N-S图,也称盒图。在N-S图中,取消了带箭头的流程线,主要使用矩形框和文字说明,提高了可靠性。用N-S图描述的算法一定是结构化的,不会出现非结构化的现象,所以用N-S图描述的算法特别适用于结构化程序设计。

(1)N-S流程图的符号

N-S图符号比较简单,N-S图基本图形符号只有四种,矩形框A和B为处理框,框间水平隔线表示上下两框间入、出口关系,没有其他入、出口途径。图形符号可相互嵌套,用于描述比较复杂的算法。

图3-11　顺序结构N-S图

①顺序结构:如图3-11所示,表示A框执行完后立即执行B框,A、B框中给出处理说明,可以是文字描述、一组操作、一个子例行程序名、一个模块名或其他N-S图图形符号。

②选择结构:如图3-12所示,表示条件为真时执行A框中的处理操作,条件为假时执行B框中的处理操作。A、B框可分别为空,但不能同时为空。

③循环结构:有两种图形符号。当型循环结构的图形符号如图 3-13 所示,表示当条件为真时反复执行 A 框,即先判断条件,当条件为真时执行 A 框,A 框处理完后再判断条件;当条件为真时再执行 A 框,循环往复,直到判断条件为假时,从该结构中退出,执行其后继结构。

直到型循环结构的图形符号如图 3-14 所示,表示当条件为假时反复执行 A 框,即先执行 A 框,A 框处理完后再判断条件,当条件为假时再执行 A 框,循环往复,直到条件为真时,从该结构中退出,执行其后继结构。

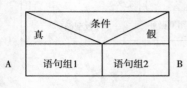
图 3-12 选择结构 N-S 图

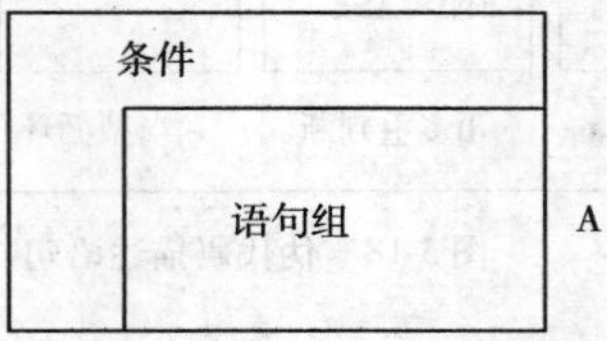

图 3-13 当型循环结构 N-S 图

图 3-14 直到型循环结构 N-S 图

(2) N-S 流程图示例

例 3-8 根据输入的长、宽、高数据,求长方体的体积。假设用于存放输入数据长、宽、高的存储空间的名称分别为 a、b、c,存放体积的存储空间的名称为 v。算法的 N-S 图如图 3-15 所示。

例 3-9 求输入数的绝对值,假设存放输入数据的存储空间的名称为 a。算法的 N-S 图如图 3-16 所示。

例 3-10 用洗衣机洗衣,设计并用 N-S 流程图描述其洗涤过程(算法),N-S 图如图 3-17 所示。

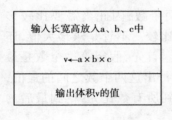
图 3-15 求长方体体积的 N-S 图

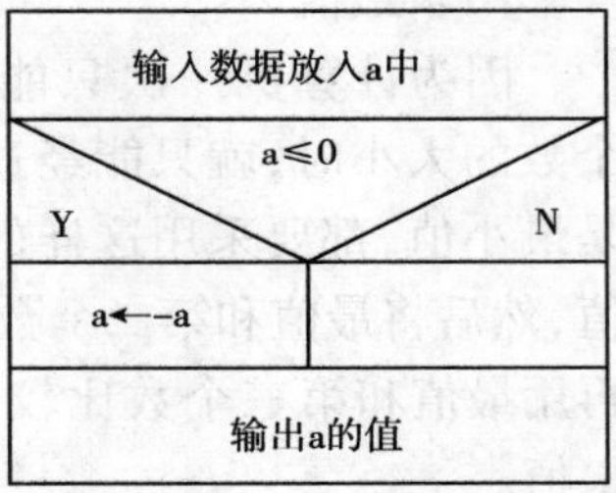

图 3-16 求输入数绝对值的 N-S 图

图 3-17 洗涤过程的 N-S 图

4) 伪代码描述算法

流程图、N-S 图均为图形描述工具,图形描述工具的共同优点是描述的算法直观易懂,但共同缺点是图形绘制比较费时费事,图形修改比较麻烦,所以图形工具也不是很理想的描述工具。为了克服图形描述工具的缺点,可采用伪代码描述工具描述算法。伪代码简称伪码,也称过程描述语言。伪代码是介于自然语言和计算机高级程序设计语言之间的一种文字和符号描述工具,它不涉及图形,类似于写文章一样,一行一行,自上而下描述算法,书写方便,格式紧凑,言简意赅,可实现半自动化描述。伪代码自上而下顺序执行,算法判断结构和循环结构都有对应的伪代码描述语句,如图 3-18 所示。

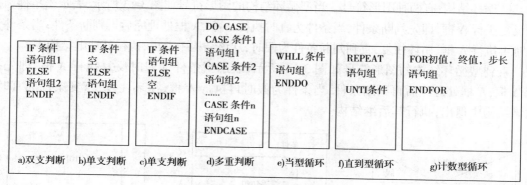

图 3-18 伪代码描述语句

3.2.3 常用算法示例

1)交换两个存储空间的内容

当我们需要交换两个瓶子中的溶液时,必须借助第三个瓶子,先把第一瓶中的溶液倒入第三个瓶子中,再把第二个瓶子中的溶液倒入第一个瓶子中,最后再把第三个瓶子中的溶液倒入第二个瓶子中,这样才能实现两个瓶子中的溶液的交换,而不能直接把两个瓶子对倒。当需要交换两个存储空间的内容的时候,也应采取这样的方法。

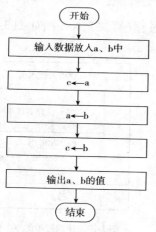

图 3-19 交换变量 a、b 的值的
流程图

例 3-11 交换两个存储空间的内容,假设存储空间 1 的名称为 a,存储空间 2 的名称为 b,c 为使用到的第三个存储空间的名称。算法的流程图如图 3-19 所示。

2)求最值

因为计算机一次只能比较两个数,因此当需要比较多个数的大小时,就只能经过多次比较。不管是求最大值,还是最小值,都要采用这样的方法。首先,假定第一个数是最值,然后将最值和第二个数比较,得出这两个数之间的最值,再用最值和第三个数比较,一直到所有数比完,得到最后的最值。

例 3-12 求输入的三个数中的最大数,假设存放这三个数的存储空间的名称分别是 a、b、c,存放最值的空间的名称为 max。算法的流程图如图 3-20 所示。

3)多分支选择结构

如果要处理的问题需要从多个可能的方案中进行选择,或者是根据不同的条件得到不同的结果,就要用到多分支选择结构。

例 3-13 计算分段函数,算法的流程图如图 3-21 所示。

$$y(x) = \begin{cases} 1 & x > 0 \\ 0 & x = 0 \\ -1 & x < 0 \end{cases}$$

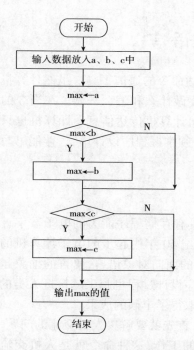

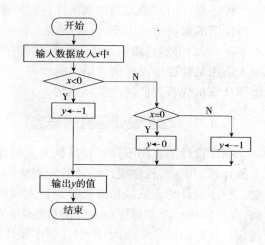

图 3-20 求输入三个数中最大数的流程图

图 3-21 计算分段函数的流程图

例 3-14 根据输入的学生的百分制成绩输入出对应的成绩等级,90 分以上(含 90 分)为优,80 到 89 为良,70 到 79 为中,60 到 69 为及格,60 分以下为不及格。假设存放成绩的存储空间的名称为 x,算法的流程图如图 3-22 所示。

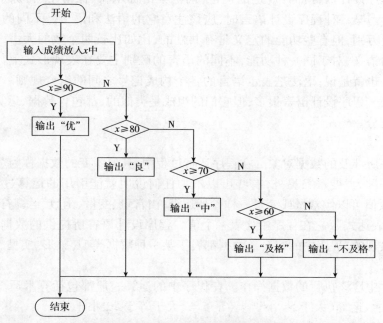

图 3-22 输出百分制成绩对应等级的流程图

3.3 程序设计语言

程序设计语言是人们用来向计算机传递信息与下达命令的通信工具。虽然计算机是人类所发明的最灵活的机器,但必须由人类事先告诉它要做什么和怎么去做。在当今的科技水平下,人们仍然只能通过人工设计的程序设计语言向计算机传达信息。计算机也只能识别人们用某种程序设计语言编写的程序。因此,我们必须掌握程序设计语言,才能书写程序指挥计算机代替我们解决实际问题。

3.3.1 程序设计语言的概念

程序设计语言用于描述计算机上的运算,特别是具有存储程序能力的电子数字计算机上的计算。因此,程序设计语言的发展史同步于 20 世纪 40 年代起步的电子计算机的发展史。程序设计语言从最初的机器语言发展到今天流行的面向对象语言,语言的抽象越来越高,程序的风格越来越接近人类的自然语言的风格,程序设计过程也越来越接近人类的思维过程。在短短的几十年间,人们在程序设计语言方面,取得了丰硕的成果。

为了让计算机按人们预先安排好的步骤进行工作,首先就要解决人机交流的问题,人们给计算机一系列的命令,计算机按给定的命令一步步的工作,这种命令就是人机交流的语言,称为程序设计语言。为实现某一任务,程序员利用程序设计语言编写的有序指令序列称为源代码或源程序,简称程序。程序设计语言也就是程序员用来编写程序的工具。

3.3.2 程序设计语言的组成

每一种程序设计语言都有规定的词汇,词汇集由标示符、保留字、特殊字符、数值等组成。当我们学习某一种程序设计语言时,应该注意它的语法和语义。不同的程序设计语言表现形式千差万别,但有些功能的定义是有共性的,比如比较两个数的大小,这种实质上的功能描述称为语义,对于同一种功能,不同的语言的区别主要在表现形式上,这里的表现形式就是语法。也就是说:语法是表示语言的各个构成记号之间的组合规则。语义是表示各个记号的含义。程序设计语言很多,但它们的组成是类似的,都包含数据、运算、控制和传输这 4 种表示成分。

1)数据

描述程序所涉及的数据对象。在程序运行过程中,其值不变的数据称为"常量",其值可以改变的数据称为"变量";另外,有些可以不加任何说明就能引用的运算过程,称为"标准函数",其函数值可以像常量或变量一样参加运算;由常量、变量、函数、运算符合圆括号组成的式子称为"表达式",它在程序中代表一个值。程序设计语言所提供的数据结构是以数据类型的形式表现的,程序中的每一个数据都属于某一种数据类型(整形、实型、自发性等)。

2)运算

描述程序中应该执行的数据操作。在程序中的运算一般都包括算术运算(加 +、减 −、乘 *、除 /)、关系运算(大于 >、小于 <、等于 =、大于等于 ≥、小于等于 ≤、不等于 < >)和逻辑运算(与 AND、或 OR、非 NOT)。

3）控制

描述程序的操作流程控制结构。在程序中只要用 3 种形式的流程控制结构,即顺序结构、选择结构、循环结构,就足以表示出各种各样复杂的算法过程,这已从理论上得到证明。

4）传输

表达程序中数据的输入和输出,这些语句分别是输入/输出语句。

3.3.3 程序设计语言分类

计算机所能识别并直接运行的是令人感到晦涩难懂的机器指令(二进制代码)序列,这种机器指令难于掌握,要想能熟练应用就更难。各种程序设计语言的出现就是为了避免人们直接面对机器指令,使编程工作变动简单而富有乐趣,从而使计算机变得更加易用,程序设计语言变得更加易学。

程序设计语言的分类可以从不同的角度进行。例如,从应用范围来分,可分为通用语言与专用语言,又可细分为系统程序设计语言、科学计算语言、事物处理语言、实时控制语言等;从程序设计方法来分,程序设计语言可分为面向机器语言、面向过程语言、面向对象语言;从程序设计语言的发展过程来分,程序设计语言又可分为机器语言、汇编语言和高级语言。目前广泛使用的分类方案是根据程序设计语言的发展过程进行分类。

1）机器语言

从本质上说,计算机只能识别“0”和“1”两个数字,也就是二进制代码。以二进制指令代码表示的指令集合,是计算机能直接识别和执行的机器语言。最初的程序设计直接使用机器语言。使用机器指令进行程序设计要求程序设计者有深入的计算机专业知识,对机器的硬件有充分的了解。用机器语言编写的程序运行效率高,占用内存少,但缺点是这种程序的可读性差,程序不直观,编程、维护都很困难。而且由于面向机器,不同机器的机器指令不同,因此程序的可移植性差,所编写的程序只能在相同的硬件环境下使用,大大地限制了计算机的应用。

机器语言处理问题的方式与人们的习惯有较大差距,例如使用机器语言实现两个整数加法的过程与直接写 $x = a + b$ 的形式就相差很多。

例 3-15 设 $a = 2, b = 3$,要利用机器语言计算 $c = a + b$。

11000111 01000101 11111100 00000010 00000000 00000000 00000000 ←令 $a = 2$

11000111 01000101 11111000 00000011 00000000 00000000 00000000 ←令 $b = 3$

10001011 01000101 11111100 ←将 a 放入 eax 累加器中

00000011 01000101 11111000 ←将 b 的值与累加器中的值相加,结果放在累加器中

10001001 01000101 11110100 ←将累加器中的结果放入 c 中

2）汇编语言

机器指令看起来比较凌乱,但实际上每条机器指令都必须满足严格的格式规定。指令长度取决于操作类型,一般开始的 1~2 个字节(一个字节为 8 位)表示操作类型,其后的若干字节表示操作数。为了便于记忆,人们将机器指令所代表的操作类型用符号来表示,这些符号称为助记符。汇编语言就是用助记符来表示指令的符号语言。操作数用寄存器名(如 eax、ebx、esp)或者用易读且与二进制数字有直接对应关系的十六进制数字表示,这种格式的

指令汇集在一起称为助记符语言。助记符语言是通过对机器语言进行抽象而形成的,因此每一条汇编指令和机器指令都是一一对应的关系,这些助记符通常是指令功能的英文单词的缩写,所以记忆较为容易。就可读性而言,助记符语言比机器语言好,而且与机器指令直接对应,所以在编写程序时,利用助记符语言比机器语言要方便得多,但是利用助记符编写的程序是不能在计算机上直接运行的,必须要将他翻译成计算机所能识别的机器语言形式。从助记符语言到机器语言的翻译工作最初是手工进行的,但是由于助记符与机器指令直接一一对应,因此出现了一种被称为汇编程序的程序,能够代替人进行烦琐的翻译工作。同时为了编程方便,对助记符语言进行了扩充,加入了伪指令(由汇编程序进行识别和处理,形式上像机器指令,实际不是机器指令)、宏定义等功能,形成了所谓的汇编语言。利用汇编语言编写的程序,需经汇编程序翻译成机器指令序列后方可运行,如图3-23所示。

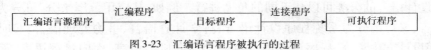

图3-23 汇编语言程序被执行的过程

　　汇编语言除了可读性比机器语言好外,同样也存在机器语言的缺点。缺点是仍然面向机器,通用性差,尤其是表示问题方式与人类习惯仍然差距很大,通常要求编程者对计算机硬件有深入的了解,因此目前汇编语言主要用于编写一些低层的控制软件。

　　例 3-16　设 $a=2$, $b=3$,要利用汇编语言计算 $c=a+b$。

mov dword ptr$[ebp-4]$,2 ←令 $a=2$

mov dword ptr$[ebp-8]$,3 ←令 $b=3$

mov eax, dword ptr$[ebp-4]$ ←将 a 放入 eax 累加器中

add eax, dword ptr$[ebp-8]$ ←将 b 的值与累加器中的值相加,结果放在累加器中

mov dword ptr$[ebp-0ch]$, eax ←将累加器中的结果放入 c 中

　　3)高级语言

　　针对汇编语言的缺点,通过对汇编语言进一步抽象,产生了高级语言(也称为通用程序设计语言)。与汇编语言等低级语言相比,高级语言的表达方式更接近人类自然语言的表示习惯,是一种接近于人们的自然语言与数学语言的程序设计语言,用高级语言编程简单、方便、直观、易读、不易出错。而且高级语言不像机器语言和汇编语言那样直接针对计算机硬件编程,因此不依赖于计算机的具体型号,具有良好的可移植性,在各种机型上均可运行。

　　高级语言的一条语句通常对应于多条机器指令,所以对同一功能的描述,高级语言程序比机器指令程序紧凑得多。程序的可读性和描述问题的紧凑性所带来的好处具有更深层次的意义,比如可读性好的程序易于维护,而且可读性好和描述紧凑的程序出错的可能性远小于难于理解和长度较大的程序,对于规模较大的程序设计这一点至关重要。

　　例 3-17　设 $a=2$, $b=3$,要利用高级语言计算 $c=a+b$。

$a=2$

$b=3$

$c=a+b$

高级语言种类繁多,主要有:命令式语言(又称为面向过程语言),如 FORTRAN、BASIC、

ALGOL、PASCAL、C 等;陈述式语言用于人工智能领域,如 LISP、PROLOG;数据库语言,如 SQL 等;面向对象语言,如 C++ 等;网络开发语言,如 JAVA、C#等;标记语言,如 HTML、XML 等;脚本语言,如 VBscript、JAVAscript 等。

不过,用高级语言编写的源程序和用汇编语言编写的源程序一样,都是不能被计算机直接识别和执行的,必须将它翻译成二进制代码的目标程序才能执行,也就是被计算机识别。每种高级语言都有自己的翻译程序,互相不能够代替。

翻译程序有两种工作方式:一种是解释方式,另一种是编译方式。

解释方式的翻译工作由"解释程序"来完成,解释程序对源程序一条语句一条语句的边解释边执行,不产生目标程序。程序执行时,解释程序随同源程序一起参加运行,如图 3-24a)所示。

解释方式执行速度慢,但可以进行人机对话。在程序的执行过程中,编程人员可以随时发现程序执行过程只能给的错误并及时修改原程序,对初学者来说非常方便。例如早期的 BASIC 语言。

编译方式的翻译工作由"编译程序"来完成。编译程序对源程序进行编译处理后,产生一个与源程序等价的"目标程序",因为在目标程序中还可能要用到计算机内部现有的程序(内部函数或内部过程)或其他现有的程序(外部函数或外部过程)等,所有这些程序还没有连接成一个整体,因此这时产生的目标程序还无法运行,需要使用"连接程序"将目标程序和其他程序段组装在一起,才能形成一个完整的"可执行程序"。产生的可执行程序可以脱离编译程序和源程序独立存在并反复使用。编译方式如图 3-24b)所示。

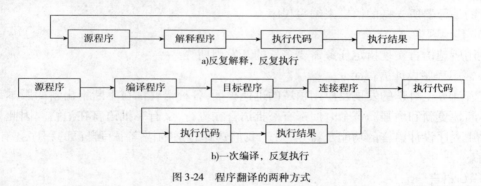

a)反复解释,反复执行

b)一次编译,反复执行

图 3-24 程序翻译的两种方式

有些语言同时提供了解释和编译功能,这样就可以在编写和调试程序时使用解释方式,以便及时发现程序中的错误并加以修改,而在程序调试通过后,可使用编译方式将这个程序编译连接成可执行文件,便于反复执行。当然,如果修改了源程序,则需要重新进行编译和连接工作。

3.3.4 常用程序设计语言简介

1)选择语言需考虑的因素

每一种计算机程序设计语言都有它自己的特点,例如,有的程序设计语言适合于科学计算,有的程序设计语言适合于编写系统软件,有的程序设计语言适合于数据库管理,有的程序设计语言适合于图形设计,还有的程序设计语言适合于人工智能领域,等等,更有一些程序设计语言同时具备多种功能。

通常情况下,一项任务可以用多种编程语言来完成,而有些特殊问题需要某种专门的语言才能解决,因此在程序设计初期究竟选择使用哪种语言就需要考虑多种因素。

(1)语言的特点

除了一些特殊的场合外,多数情况下,使用高级语言编写程序比使用低级语言编写程序具有明显的优势,效率高,出现的可读性、可维护性强。另外,选择语言还要考虑语言本身是否有较理想的模块化编程机制,是否与良好的独立编译机制等。

(2)任务的需要

从应用领域角度考虑,各种语言都有其自身的应用领域,要根据任务本身的需要选择适合该领域的语言。要考虑:所选择的语言能否实现任务所规定的全部功能,执行效果如何,于其他语言相比有何优势,用该种语言开发出的软件是否能跨平台运行(如在不同操作系统下运行),是否便于维护等。

(3)人的因素

如果在做一项比较紧急的任务,开发人员所精通的语言便是他的首选语言,如果他所熟悉的语言不适合用来完成规定的任务,那么他要考虑学习一门新的语言需要多长的时间。另外,如果开发的系统有用户自己负责维护,通常应该考虑选择用户熟悉的语言。

(4)工作单位的因素

开发人员所在的工作单位可能仅仅有一两个编译器的许可证,这样,就可能只使用具有许可证的编译器所支持的语言来编写程序。

(5)其他因素

使用所选语言实现指定任务需要多长的开发周期等。

2)常用程序设计语言简介

随着计算机科学的发展及应用领域的迅速扩展,各种语言都在不断推出新的版本,功能也在不断地更新和增强。每个时期都有一批语言在流行,又有一批语言在消亡。因此,了解一下常用程序设计语言的功能及特点,对于我们选择合适的语言书写自己的程序会有很大的帮助。

(1)C 语言

C 语言是当今世界上最为流行的面向过程的程序设计语言之一,它功能强大而且比较简单易学,既具有高级语言的优点,可移植性强、容易理解等,又具有低级语言的功能,如可以直接处理字符、位运算、地址和指针运算等,还具有直接操作硬件的能力。

(2)C++ 语言

C++ 语言是在 C 语言的基础上为支持面向对象的程序设计而研制的一个通用目的的程序设计语言。它既保留了 C 语言的功能,又增加了面向对象的编程思想,是一种同时带有面向过程和面向对象特征的混合型语言。这种混合性使得编程人员不仅可以致力于面向过程的代码来编写一个完整的 C++ 程序,也可以利用 C++ 来编写一个面向对象的程序而不含有任何面向过程的部件,或者两者兼有。C++ 可以用于编写从简单的交互程序到高度成熟和复杂的工程学及科学程序中的任何程序。目前较流行的版本是微软公司的 Visual C++ 和

Borland 公司的 C++ Builder。

（3）Fortran 语言

Fortran 出现于 1954 年，是世界上最早出现的高级程序设计语言，也是工程界最常用到的语言。Fortran 是 FORmula TRANslating（公式翻译）的缩写，其设计之初就是为了公式计算，它在科学计算（如航空航天、地质勘探、天气预报和建筑工程等领域）中发挥着极其重要的作用。

（4）Visual Basic 语言

Visual Basic 是在 Basic 的基础上，由微软公司研制的，在 Windows 环境工作，简称 VB。BASIC 是为初级编程者设计的，它是 Beginner All-purpose Symbolic Instruction Code 的缩写。Visual Basic 是功能强大而学习和使用相对简单的语言，它不仅具有 BASIC 的易学的优势，还增加了可视化的编程环境，对数据库的支持，以及事件驱动的编程思想，程序员只需编写针对对象要完成的事件过程，是为非专业的程序员提供易学易用的开发 Windows 环境下的应用软件的可视化开发工具。

（5）Visual FoxPro 语言

Visual FoxPro 是在 FoxPro 基础上开发的带有 OOP（面向对象编程）、完全的关系数据存储和远程数据访问，可以自然地使用 SQL、使用面向对象编程、编写多层结构的、跨平台的应用程序。Visual FoxPro 是微机上最流行的数据库管理系统，是一种支持面向对象程序设计的可视化高级程序设计语言，目前广泛地用于对数据库进行操作的应用软件的开发。

（6）Delphi 语言

Delphi 是 Inprise 公司于 1995 年 3 月推出的可视化编程语言。它以 Pascal 为基础，但与传统的 Pascal 语言有天壤之别，它扩充了面向对象的能力，并且完美地结合了可视化的开发环境，用于开发 Windows 环境下的应用程序。Pascal 语言的严谨加上可视化的优势以及强大到数据库功能，使得 Delphi 有充分的资本和微软的 Visual Basic 相抗衡。Delphi 适用于应用软件、数据库系统、系统软件等类型的软件的开发。

（7）Java 语言

Java 的得名起源于一种咖啡，它是以 C++ 为基础的，但更适合互联网应用的面向对象语言。如果开发网络应用，并把跨平台看得极为重要，则 Java 是理想的工具。Java 使程序员能够使用动态和交互式内容创建 Web 页面、开发大规模企业应用程序、增强 Web 服务器以及提供用于消防设备（如无线电话和个人数字助理等）的应用程序。无疑 Java 是一种结构简洁的、移植性好的、包含支持窗口、网络和并发特性的。但 Java 也存在一些不足，首先就是用 Java 编写的程序比用 C++ 编写的要长，再就是由于跨平台的特性需要虚拟机的支持，使得 Java 程序的运行速度一直受到批评，而且 Sun 公司拥有对 Java 的控制权，也就是说，Java 语言的所有使用都必须得到 Sun 的准许。微软的 J++ 是 Java 的一个版本，但它只支持在 Windows 环境下运行。

（8）Visual Studio .NET

Visual Studio .NET 提供了一套丰富的开发工具，隐藏了 .NET 框架中许多内在的复杂性，从而减少了学习产品和开发应用程序所需的时间。安装 Visual Studio .NET 时，同时还会安装 CLR 和 .NET 框架类。

3.4　程序设计的方法和步骤

程序设计就是将求解某个问题的算法,用计算机语言实现的过程。但是只了解算法和计算机语言就进行程序设计是不够的,因为这个实现过程并不是一蹴而就的,这个过程有相应的方法,也要遵循相应的步骤。在设计和编写程序时,要保证程序有很高的正确性、可靠性、可读性、可理解性、可修改性和可维护性。要达到这一目的,必须采用科学的程序设计方法和步骤。因此了解程序设计的方法和步骤,是编写程序的基本前提。

3.4.1　程序设计的方法

编写程序的方法称为程序设计方法。如何从问题描述入手构造解决问题的算法,如何快速合理地设计出结构和风格良好的高效程序,这些将涉及多方面的理论和技术,从而形成了计算机科学的一个重要分支——程序设计方法学。

在计算机应用的初期,由于计算机硬件的技术水平所限,这个时期的程序设计几乎没有统一的风格,人们设计程序时全凭个人习惯。随着技术的进步计算机硬件发展迅速,所能处理的问题规模和范围变大,程序的可读性、可重用性、可维护性等问题不断被提出,程序设计的目标不再集中于如何发挥硬件的效率,而以设计出结构清晰、可读性强、易于维护为基本目标,这就促使程序设计的方法不断发展,从最先的面向计算机的程序设计到面向过程的程序设计,再发展到面向对象的程序设计和面向组件的程序设计,并且还在继续发展。

1)面向计算机的程序设计

人类最早的编程语言是由计算机可以直接识别的二进制指令编写的机器语言,也就是"0"和"1"代码。计算机之所以只认识"0"和"1"代码,是因为计算机是由成千上万的开关元件组成,这些开关元件都只有两种状态:开或关,电流的通和断状态,而这两种状态就是由数字1或0来表示的。机器语言显然便于计算机识别,但对于人类来说却是晦涩难懂。这一阶段,在人类的自然语言与计算机编程语言之间存在着巨大的鸿沟。这一时期的程序设计属于面向计算机的程序设计,设计人员关注的重心是程序尽可能的被计算机接受并按指令正确执行,至于程序能否让人理解并不重要。软件开发的人员只能是少数的软件工程师,软件开发的难度大,周期长,而且开发的软件功能简单,界面也不友好,计算机的应用也仅限于科学计算。

随后出现的汇编语言(注:汇编语言的知识在第3小节程序设计语言中有介绍),它将机器指令映射为一些能读懂的助记符。此时的汇编语言与人类的自然语言之间的鸿沟略有缩小,但仍然与人类的思想相差甚远。因为它的抽象层次太低,程序员需要考虑大量的机器细节。此时的程序设计仍很注重计算机的硬件系统,它仍属于面向计算机的程序设计。面向计算机的程序设计思想可归纳为注重机器,难以理解,维护困难,并且不具有可移植性。

2)面向过程的程序设计

在20世纪60年代末开始出现结构化的程序设计便是面向过程的程序设计思想的集中表现。它对后来的程序设计方法的研究和发展产生了重大影响,直到今天它仍然是程序设计中采用的主要方法。结构化程序设计的概念最早由著名计算机科学家 E. W. Dijkstra 提出。1965 年他在一次会议上指出:"可以从高级语言中取消 GOTO 语句。"1966 年,Bohm 和 Jacopini 证明了"只用三种基本的控制结构就能实现任意单入口和单出口的程序"。1972 年,IBM 公司的 Mills 进一步提出,程序应该只有一个入口和一个出口。1971 年,IBM 公司在纽约时报信息库管理系统的设计中首次成功地使用了结构化程序设计技术。

结构化的程序设计主要包括:一是采用自顶向下和模块化方法;二是使用三种基本控制结构,即顺序结构、选择结构和循环结构。模块化是一个常用且有效的方法。如果一个大的程序仅有一个模块,那么程序的设计和编写难度就非常大,在设计和编写大型程序时,需要对其进行模块化分解,以降低程序的复杂性,提高程序的正确性、可靠性、可读性、可理解性、可修改性和可维护性。模块化是指从问题本身开始,把一个较大的程序划分为若干子程序,每一个子程序完成一个独立的功能,成为一个独立的模块;各个模块之间通过函数或者过程之间传递参数来实现。自顶向下是指先设计第一层(即顶层),把原始问题划分成若干个较小的子问题,然后步步深入,逐层细分,把不能直接解决的子问题再进行划分,逐步求精,直到整个问题可用程序设计语言明确地描述出来为止。这些问题的解决模块形成一个树状结构,各模块之间的关系尽可能简单,且功能相对独立,如图 3-25 所示。

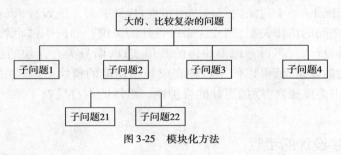

图 3-25　模块化方法

结构化程序设计可将一个较为复杂的问题分解为若干个子问题,各个子问题可分别交给不同的人来解决,从而提高了速度,并且便于程序的调试,有利于减少软件前期的开发周期和降低后期的维护难度。但也并不是模块数越多越好。实际上,当模块细化到一定程度后,由于模块数增加,模块间接口复杂度和代价将增大,所以模块数不易太多,凭经验选择一个合适的模块数。

3)面向对象的程序设计

随着程序的设计的复杂性增加,结构化程序设计方法又不够用了。因此面向对象的方法诞生了。面向对象的程序设计方法建立在结构化程序设计基础上,最重要的改变是程序围绕被操作数据来设计,而不是围绕操作本身。"面向对象程序设计是对数据的封装;模块的程序设计是对算法的封装。"20 世纪 80 年代末以来,随着面向对象技术成为研究的热点出现了几十种支持软件开发的面向对象方法。如果说传统的面向过程的编程是符合机器运行指令的流程的话,那么面向对象的思维方法就是符合现实生活中人类解决问题的思维过程。比如在现实生活中,对于一件上衣,人们关心的是上衣的颜色、尺寸、样式和厚薄,以及上衣可以被穿、保暖,可以被清洗等。一般人都不会关心上衣究竟是怎样保暖的,又是怎样被洗干净的。面向对象程序设计思想也是这样的。面向对象程序设计(Object Oriented Programming)可以定义为把各类信息与施加于其上的信息的处理方法作为不可分割的整体进行程序设计的方法,简称 OOP。

实践表明,任何现实问题都是由一些基本事物组成,这些事物之间存在着一定的联系,在使用计算机解决现实问题的过程中,为了有效地反映客观世界,最好建立相应的概念去直接表现问题领域中的事物及事物之间的相互联系,此外,还需要建立一套适应人们一般思维方式的描述模式。面向对象技术的基本原理就是:对问题领域的基本事物进行自然分割,按人们通常的思维方式建立问题领域的模型,设计尽可能直接自然表现问题求解的软件系统。为此,面向对象技术中引入了"对象"来表示事物;用消息传递建立事物间的联系;"类"和"继承"是适应人们一般思维方式的描述模型。

4)面向组件的程序设计

有了面向对象程序设计方法,就彻底解决了代码重用的问题了吗?答案是:没有!硬件越来越快,越来越小了,软件的规模却也越来越大了,集体合作越来越重要,代码重用又出现的新的问题。用 C++ 写的类,不能被 BASIC 重用——重用不能跨语言;当你想要重用别人的代码时,人家会担心你看见了他的设计思想。而面向组件的程序设计方法,就是解决以上问题的一个方式。在一个面向对象的系统中,系统的各种功能是由许许多多的不同对象协作完成的。在这种情况下,各个对象内部是如何实现自己的,对系统设计人员来讲就不那么重要了;而各个对象之间的协作关系,则成为系统设计的关键。面向组件也就是按照这种思想来设计。面向组件设计时,不再考虑模块内的具体实现,而只关心模块的接口,只要按照模块组件对接口使用的要求,就可以使用各种完成各个功能的模块了。采用组件的方式是让程序耦合度降低,内聚度提高,增加更好的维护性。组件的本身反映了系统设计人员对系统的抽象理解。

3.4.2 程序设计的步骤

程序设计是一个复杂的智力活动过程,需要经历若干步骤才能得以完成。就像是装修房屋一样,并不是一进入待装修的房屋你就会开始粉刷墙壁。在正式动工装修之前,必须有合理的设计。你首先会考虑待装修的房屋的大小、结构、使用功能,然后给出一个设计方案,再根据你的设计方案购买原材料,最后才召集施工人员进行装修。对于程序设计也是这样的,只是不同规模的程序设计其复杂程度不同,步骤也有差异,但是一些基本步骤是相同的。

下面通过"求一元二次方程根"的例子来看一下程序设计的一般过程。

1)分析问题

程序将一数据处理的方式解决客观世界中的问题,因此在程序设计之初,首先应该将实际问题描述出来,形成一个抽象的、具有一般性的问题,从而给出问题的抽象模型,明确题目的要求,列出所有已知量,找出题目的求解范围等。本例中可以把问题分成三个部分:三个系数的输入,数据的处理,以及最后根的输出。

2)设计算法,确定功能

具体的解决方案确定后,还不能着手编程序,必须根据数据结构,对前一步得到的抽象模块进行描述,也就是算法描述。算法的初步描述可以采用自然语言方式,然后逐步将其转化为程序流程图或其他直观方式。一般在设计时要注意:

（1）算法的逻辑结构尽可能简单；

（2）算法所要求的存储量应尽可能少；

（3）避免不必要的循环，减少算法的执行时间；

（4）在满足题目条件要求下，使所需的计算量最小。本例的算法流程图如图 3-26 所示。

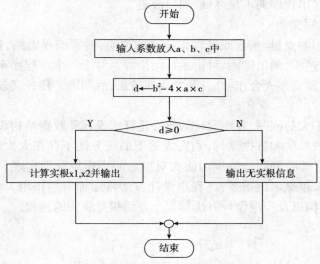

图 3-26　算法的流程图

3）选择语言，编写程序

选择某种适当的程序设计语言，根据上述算法描述，将已设计好的算法表达出来，使得非形式化的算法转变为形式化的由程序设计语言表达的算法，这个过程称为程序编码。把整个程序看作一个整体，先全局后局部，自顶向下，一层一层分解处理，如果某些子问题的算法相同仅是参数不同，可以用子程序来表示。本例选择使用 C 语言编写程序如下：

```
#include"math. h"
main( )
{
  float a,b,c,x1,x2,d;
  scanf("%f,%f,%f",&a,&b,&c);
  d = b * b - 4 * a * c;
  if(d > =0)
    {
      x1 = [ - b + sqrt(d) ]/2 * a;
      x2 = [ - b - sqrt(d) ]/2 * a;
      printf("x1 = %f,x2 = %f\n",x1,x2);
    }
  else
    printf("no root. \n");
}
```

4）调试运行，分析结果

程序编写完后，在该语言开发集成环境中进行输入、调试，以便找出语法错误和逻辑错误，然后才能正确运行。不同的程序虽然其运行环境差距很大，但调试纠错这一步都是必需的。程序都需要反复调试才能得到想要的结果。通过对程序的调试和对结果的分析，可以发现程序的错误或找出程序的不足之处，加以改进。

5）整理资料，撰写文档

主要是对程序中的变量、函数或过程作必要的说明，解释编程思路，记录程序设计的算法，实现以及修改的过程，画出框图，讨论运行结果等。对于一个小程序来说，有没有文档并不重要，但对于一个需要多人合作，并且开发周期较长，后期维护任务又较大的软件来说，文档就至关重要了。

对于一个规模不大的问题，程序设计的核心是算法设计和数据结构设计，只要成功地构造出解决问题的高效算法和数据结构，则完成剩下的任务便不存在太大的困难。如果规模大、功能复杂，则有必要将问题分解成功能相对单一的小模块分别实现。这时，程序的组织结构和层次设计越来越显示出重要性，程序设计方法将发挥重要作用。程序设计过程实际上成为算法、数据结构以及程序设计方法学3个方面相互统一的过程。

习　题　3

一、单项选择题

1. 现代程序设计的目标主要是(　　)。
   A. 追求程序运行速度快
   B. 追求程序行数少
   C. 既追求运行速度，又追求节省存储空间
   D. 追求结构清晰、可读性强、易于分工合作编写和调试

2. 计算机可以直接执行的程序是(　　)。
   A. 机器语言编写的程序
   B. 汇编语言编写的程序
   C. 高级语言编写的程序
   D. C 语言编写的程序

3. 算法流程图中用(　　)符号代表判断关系。
   A. 矩形 　　　　　　　　　　B. 菱形
   C. 平行四边形 　　　　　　　D. 圆圈

4. 下列不是高级语言的是(　　)。
   A. 汇编语言 　　　　　　　　B. Java 语言
   C. C 语言 　　　　　　　　　D. Visual Basic 语言

5. 机器语言的特点是(　　)。
   A. 可读性好 　　　　　　　　B. 运行效率高
   C. 编程、维护容易 　　　　　D. 可移植性好

二、多项选择题

1. 在进行程序设计时,必须完成的工作有(　　　　)。
   A. 掌握一门计算机编程语言　　　　　B. 确定问题的解决方案
   C. 确定数据结构　　　　　　　　　　D. 设计解决问题的算法
   E. 设计一个数据库
2. 软件的组成包括(　　　　)。
   A. 用户文档　　　　　B. 程序　　　　　C. 支持模块
   D. 数据模块　　　　　E. 操作系统
3. 下列属于算法特征的是(　　　　)。
   A. 有穷性　　　　　　B. 确定性　　　　　C. 可执行性
   D. 大于等于 0 个输入和大于等于 1 个输出　　　E. 高效性
4. 程序设计的方法有(　　　　)。
   A. 面向计算机的程序设计　　　　　　B. 面向过程的程序设计
   C. 面向对象的程序设计　　　　　　　D. 面向用户的程序设计
   E. 面向组件的程序设计
5. 下面属于计算机语言的有(　　　　)。
   A. C 语言　　　　　　　B. Java 语言　　　　　C. 汇编语言
   D. Visual Basic 语言　　　　　　　　E. 机器语言

三、填空题

1. 程序是计算机为完成某一个任务所必须执行的_____。
2. 运行一个软件时,只要运行它的_____文件,即可使用该软件。
3. 评价算法的四个基本标准是:_____、_____、_____和_____。
4. 程序设计的基本控制结构有_____,_____和_____。
5. 程序设计语言分为_____,_____和高级语言三大类。
6. 机器语言是以_____表示的指令集合,是计算机能直接识别和执行的。

四、简答题

1. 什么是程序?什么是软件?两者的关系是什么?
2. 什么叫算法?描述算法有哪几种方法?
3. 结构化程序设计的三种基本结构是什么?
4. 简述机器语言、汇编语言、高级语言的特点。
5. 简述程序设计的步骤。
6. 根据下面各小题的要求,设计求解各问题的流程图。
   (1)判断一个整数是否能被 3 和 5 整除。
   (2)把输入的三个数按从大到小的顺序输出。
   (3)输入 A、B、C 三个数代表三角形的三个边,判断这三个数能否组成三角形,若能则计算其面积输出,否则给出提示后输出。
   (4)输入某人的身高(H,cm)和体重(WO,kg),画出按照下列方法判断体重情况并给出提示的流程图。

①标准体重 $W =$ (身高 $H - 110$)kg。

②体重 WO 超过标准体重 5kg,则过胖。

③体重 WO 低于标准体重 5kg,则过瘦。

④否则属于正常范畴。

(5)用流程图描述分段函数的计算方法。

$$y(x) = \begin{cases} 3x - \ln|x| & (x < 0) \\ x^3 & (0 \leqslant x \leqslant 10) \\ 1 & (x > 10) \end{cases}$$

第4章　计算机网络与 Internet 基础

Internet 包含了数以亿计相互联结的计算机、通信线路和交换设备,也包括了数以亿计的手机、传感器、网络摄像机、游戏机,甚至家里的洗衣机、微波炉、冰箱、电视机等也可以是 Internet 的一部分。本章将通过讲述 Internet 的构成和发展、常见的一些网络应用及其背后所隐藏的原理,从而尽可能简单、生动、有趣地带你进入庞大的、复杂的、不可思议的 Internet 世界。

4.1　网　络　概　述

4.1.1　Internet 是什么

Internet 至少可以从三个角度对其进行阐述:
(1)描述 Internet 的具体组成,即构成 Internet 的基本硬件和软件;
(2)从基础设施这个角度描述 Internet 提供了哪些服务;
(3)从网络体系结构而言 Internet 有哪些层。
(本章以规模最大的计算机网络——Internet 来学习计算机网络的要点,因此以下我们暂不区分 Internet 和计算机网络两个术语。)

1)Internet 的组成

Internet 是一个互联了全球数以亿计计算机的计算机网络。过去,数亿计算机主要是指传统的个人计算机、图形工作站以及能提供网页和邮件服务的服务器,现在,越来越多的非传统的终端设备,如打印机、电视、平板电脑、游戏机、移动电话、汽车、环境传感器和家用安全监控设备等也连接到了 Internet。因此,我们使用终端设备(End System)或主机(Host)来准确地称呼或标识那些接入 Internet 的设备。

如图 4-1 所示,终端设备被由众多通信线路和交换设备组成的网络连在一起。如果某终端设备要发送数据给另一个终端设备,发送方需要将其发送的数据按照一定规则进行分段,并在每段前加上相应的信息(即头部 Header),这些段也被称为包(Packet)。接下来这些包就被发送进网络并通过网络最终到达接收方终端设备。最后,接收方将会从这些包中取出数据合并还原成原始数据。

数据包之所以能够在网络中传送是因为有交换设备即包交换机(Packet Switch)的帮助。目前最主要的两种交换设备是路由器(Router)和链路层交换机(Link-layer Switch)。

现在用实例比较一下 Internet 网中包的传输过程和道路交通网中汽车通行的过程。假设上海轻轨为重庆轻轨制造了两列有 10 个车厢的轻轨列车,显然这两列轻轨列车不能直接开到重庆。现需要用卡车运送到重庆的厂房,每辆卡车最多能装载一节车厢,因此,这两列轻轨列车就被分割为一个个独立的车厢装载到 20 辆的卡车中,等卡车运送到重庆后再重新装配起来。为了节约时间,我们规定只要卡车装好了轻轨车厢即可出发,并且不限路线,只要求尽快地到达重庆的厂房。然后这 20 辆装好车厢的卡车就先后且独立地从上海开到重庆。在这个过程中,发送终端设备就类似上海的生产厂房,将要发送的数据进行分段就类似列车被分割为独立的车厢,数据放在包里就类似车厢放在卡车里,通信线路就类似高速公路和支路,路由器就类似交叉路口,接收终端设备就类似重庆的装配车间,接收终端从包中取出数据合并还原成原始数据就类似重庆的装配车间将各车厢重新装配为两列轻轨列车,包在包交换网中走的路径就类似卡车在交通网中走的路径。

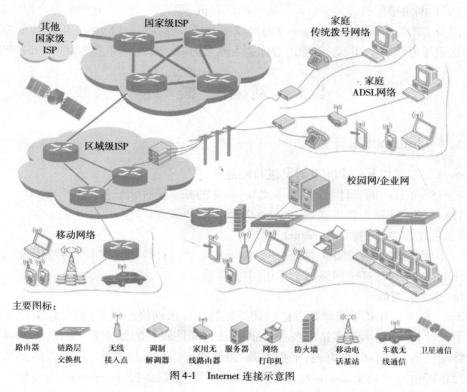

图 4-1　Internet 连接示意图

　　任何终端设备要想接入 Internet,必须经过 Internet 服务提供商(Internet Service Provider, ISP),通常是电信公司、移动通信公司、学校、企业单位等。每个 ISP 都拥有、管理和维护着由它自己的通信线路和包交换机构成的网络,并连接了许多内容提供商即站点(如 Web 服务器、邮件服务器、数据库服务器以及游戏服务器等),供终端设备访问。

　　除了 Internet 的硬件连接外,Internet 中的终端设备、路由器及交换机等还必须遵循一定的规则进行数据传输才能成功,这些通信的规则称为协议(Protocol)。由于这些协议不仅涉及了 Internet 的方方面面,也是 Internet 通信过程中不可或缺的,同时还要求连接到 Internet 的各方都必须同意并遵循,因此必须要由专门的国际组织来制定成 Internet 标准。这些国际组织中,互联网工程任务组(Internet Engineering Task Force,IETF)是其中之一,它制定了如 TCP、IP、HTTP 以及 SMTP 等协议标准,电气与电子工程师协会(Institute of Electrical and Electronics Engineers,IEEE)是另外一个,它制定了如 803.3、802.11 等协议标准。

网络协议简单地说就是网络通信各方所遵循的通信规则。在 Internet 中，发送方发送数据之前要不要先与接收方建立连接，要发送的数据如何分段，加上哪些头部信息形成包，包如何进行编码转变为物理信号，路由器如何为包找到一条合适的路由，包传输过程中发生拥塞怎么办、丢失了怎么办、出现差错了怎么办、没按顺序到达接收方怎么办，如何保证数据所代表的意思（语义）到达接收方后保持不变，数据什么时候发送完毕，数据发送完毕后是否需要断开连接等，这些情形使得参与通信的任何实体都要受到协议的约束。Internet 中的协议并不是单独的一个而是一个协议族，不同的协议对应于不同的通信任务，有的协议简单明了，有的协议复杂高深。

2）Internet 的网络体系结构

前面我们从物理结构上学习了 Internet 的组成，下面我们从逻辑结构上了解一下 Internet 的网络体系结构。

对于一个复杂的系统，我们普遍的做法是将其分解即模块化、简单化，这样才利于我们开发、构建、维护、研究及学习，对 Internet 这样一个庞大而复杂的系统也不能例外。对 Internet 的模块化被称为分层（Layering），Internet 被分作如图 4-2 所示的五个层（Layer），即应用层、传输层、网络层、数据链路层和物理层，并且每一层都有自己的协议来规定该做些什么。上述的这五层及各层上的协议就构成了 Internet 的网络体系结构。

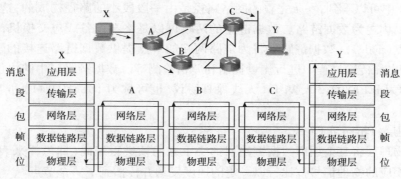

图 4-2　Internet 分层示意图

现在我们假设 X 用户有数据要传给 Y 用户，那么 X 会把数据递交给其应用层，应用层将数据按照应用层的协议进行封装后递交给传输层，传输层又按照传输层的协议将应用层递交下来的数据进行封装，然后递交给它的下层即网络层。依次类推，最终，经过层层封装的数据将在物理层转换为电/光信号通过 Internet 到达 Y，而 Y 的各层又将层层解封、层层上传，直到 Y 用户收到 X 的原始数据为止。在此数据传送过程中，各层的作用如下：

（1）应用层（Application Layer）

常见的应用层协议有 HTTP（超文本传输协议，用于网页的请求和发送）、SMTP（简单邮件传输协议，用于发送邮件）、POP3（邮局协议第 3 版，用于邮件接收）、FTP（文件传输协议，用于文件的收发）等。

发送方应用层按照它和接收方选择的某应用层协议将用户的原始数据封装成消息（Message），然后让其下层即传输层通过 Internet 传输到接收方，而接收方的应用层则按照相应的协议将原始数据从消息中取出，因为它知道该消息是如何封装的。

其他相关资料会指出还有表示层和会话层。因为国际标准化组织(International Standard Organized,ISO)定义的网络模型中有这两层,其中表示层主要用于保证信息的语法和语义不变(如乱码问题),会话层用来管理两个进程之间会话(如断点续传问题)。但由于这两层功能不多,在 Internet 中它们被融合到了应用层中。

(2)传输层(Transport Layer)

发送方传输层将其上层即应用层递交给它的消息封装为段(Segment),然后递交给其下层即网络层传输到接收方。Internet 的传输层有两个协议,一个是 TCP(Transmission Control Protocol,传输控制协议),一个是 UDP(User Datagram Protocol,用户数据报协议)。两者最大的区别是 TCP 是可靠的协议,具有流量控制和拥塞控制功能,而 UDP 是不可靠的、非常简单的协议,没有流量控制和拥塞控制功能。

(3)网络层(Network Layer)

发送方网络层将传输层递交给它的段封装成包(Packet),然后递交给其下层即数据链路层传输到接收方。封装成包是按照网络层的一个著名的 IP 协议(Internet 协议)的规定进行的。除此之外,网络层还负责处理每个网络设备都分配到的一个全球唯一的地址(称为 IP 地址),并且通过 IP 地址为包在 Internet 中找到一条合适的路由。

(4)数据链路层(Data Link Layer)

在图 4-2 中可以看到,一条完整的网络路径是由一段段小的路径构成的,这些一段段的网络路径我们称之为数据链路。数据链路的两端可以是终端设备或包交换机,我们也称这些设备为节点(node)。数据链路层将为链路两端的节点提供数据链路连接的建立、维持和释放等功能,也在传输过程中进行流量控制和差错检测等。数据链路层中的协议有 Ethernet 协议(也可称为 IEEE802.3)、Wi-Fi(无线保真协议,也可称为 IEEE802.11)和 PPP(点到点协议)协议等。

(5)物理层(Physical Layer)

节点的物理层将其上层即数据链路层递交下来的帧进行编码(即怎样来表示 0 和 1),然后转换为相应的物理信号按比特以一定的速度发送并传播到下一个节点。

Internet 的网络体系结构就是由应用层、传输层、网络层、数据链路层和物理层及其各层的协议构成。每层都只为其上层服务,同时接受其下层的服务,每层都有各自的功能,每层是如何完成其功能的与其他层无关,采用这种分层的体系结构,降低了 Internet 的复杂性,使其结构清晰,功能明确,实现透明,易于维护。

4.1.2 Internet 的边界

对 Internet 有了大体的认识后,现在稍稍详细地来考察一下它的边界。

1)终端设备

如图 4-1 所示,计算机、手机等设备位于 Internet 的边缘,故称为终端设备,同时,各种各样的网络应用程序,无论是客户端、服务器端还是对等端都运行在这些终端设备上,我们也称这些设备为主机。一般而言,运行客户端程序的主机在性能上没有运行服务器端程序的主机强劲。

Internet 边缘的这些终端设备或主机有:个人计算机、工作站、企业服务器、打印机、摄像机、照相机、电视、平板电脑、游戏机、移动电话、汽车、环境传感器和家用安全监控设备等。据估计,全球约有160亿部终端设备连接到了 Internet。

需要指出的是,这些终端设备中都应该有一个网络接口设备,也即有线/无线网卡。另外,在 Internet 的边缘还有一种设备叫作链路层交换机,如图4-1右下部所示,它是用来接入和集中上述这些终端设备而非用来运行网络应用程序的,因此它是联网设备而不是终端设备。

2)通信线路

Internet 中的通信线路分有线和无线两类。常见的有线介质有双绞线、光纤、同轴电缆等,而无线介质就是各种无线通信。这些通信线路由不同类型的物理介质构成,不同类型的通信线路有不同的特性,其中我们较为关注的是它们的传输能力即数据传输率[我们常称为带宽(bandwidth)],单位是比特/秒,即 bps。另请注意,通信领域所使用的 K、M、G 与计算机领域有些差异,它们不是 2^{10}、2^{20}、2^{30},而是 10^3、10^6、10^9。

(1)双绞线(Twisted-Pair)

双绞线就是俗称的网线,它是价格最便宜、使用最普遍的一种通信线路。因外保护层中的 8 根铜线分成 4 对两两绞在一起而得名,两端的接头俗称水晶头,如图4-3所示。目前广泛使用的是 5 类双绞线,带宽为 100Mbps,6 类双绞线现在也逐步得到部署,其带宽为 1Gbps,超 6 类和 7 类双绞线的带宽甚至可达 10Gbps。由于价格便宜、安装维护方便以及多种的带宽适应性,双绞线有良好的应用前景。但其唯一的缺陷是信号在其上传输衰减很快,布线距离不能超过 100m,超过之后必须使用中继器来放大信号。

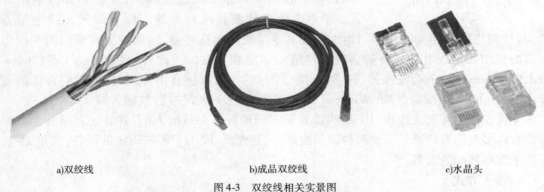

a)双绞线 　　　　　　　　　　b)成品双绞线 　　　　　　　　　c)水晶头

图4-3　双绞线相关实景图

(2)光纤(Fiber Optics)

光纤利用光的全反射原理传导光脉冲信号,直径约 $250\mu m$(3～4 根头发的直径)的一根高纯度玻璃或塑料纤维,如图4-4所示。如果我们简单地将一个光脉冲看作一个比特的话,那么单根光纤的带宽就可以达到几十甚至几百 Gbps,我们还可以将多根光纤集合在一起形成光缆以及使用密集型波分多路复用等技术来获取更惊人的带宽。除具有极高带宽这一重要性特点外,光纤还具有传输距离远、重量轻、体积小、安全性高及抗干扰等特点,但缺点是目前价格偏高,安装维护较复杂。

由于优点众多,现在光纤已经广泛在 Internet 的骨干网中得到使用,这极大地推动了 Internet 的发展,而这主要归功于前香港中文大学校长高锟,他在 20 世纪 60 年代首先提出光纤可以用于数据通信传输的思想。高锟也因此获得 2009 年诺贝尔物理学奖。

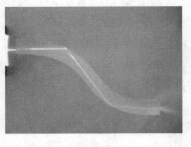

a)全反射

b)成品光纤

c)光缆

图4-4　光纤相关实景图

（3）同轴电缆（Coaxial Cable）

网络中使用的同轴电缆类似于家庭中使用的闭路电视线，如图4-5所示。内导体为铜线，外导体为铜管或铜网。电磁场封闭在内外导体之间，故辐射损耗小，受外界干扰影响小。在网络发展的早期，同轴电缆曾得到广泛的使用，但由于随后双绞线的普及，如今几乎只有广电系统还在使用它。

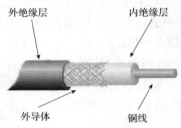

外绝缘层　　　内绝缘层

外导体　　　铜线

图4-5　同轴电缆示意图

（4）无线

当你和其他人通过网络进行信息交流时，没有一种具体的、可见的物理实体线路连接你们，这就是无线通信方式。根据电磁波的波长或频率的不同有多种无线通信方式，与计算机网络相关的是利用地面微波和卫星进行数据传输，这两种方式使用的频段由专门的机构如无线电管理委员会进行严格地规定和分配。除此外，被称之为ISM（Industrial，Scientific，Medical，工业的、科学的、医学的）的频段可供自由使用，比如我们常用的蓝牙（Bluetooth）和无线局域网（Wireless LAN）就使用这些频段进行数据传输。

无线通信当前极大地吸引了那些需要随时随地保持在线的人们，并且还在迅猛地发展着。有许多人认为将来只需要两种通信线路：一是光纤，应用于那些固定的设备；二是无线，应用于那些移动的设备。

3）接入方式

如图4-1所示，右部和下部展示了当前主要接入Internet的六种方式：拨号接入、ADSL接入、LAN接入、Wi-Fi接入、移动通信接入、卫星通信接入等。

（1）拨号接入（Dial-Up）

在Internet应用早期，电信公司使用一个拨号调制解调器（Dial-Up Modem）和电话线将计算机连接到电信网络来获得Internet服务，如图4-1右上部所示。拨号接入，是指用户在使用Internet之前必须要先像打电话一样进行拨号，接通后再使用Internet功能。使用拨号调制解调器的主要作用是要将计算机中的数字信号转换为模拟信号以使信号在电话线中可以传得更远。

这种方式有两个明显的缺点：一是打电话和上网只能选择一种而不能同时进行，二是它提供的带宽实在太低了，最高只有56 Kbps。所以目前除了一些发展中国家还保留了这种接入方式外，其他地方基本都淘汰了。

（2）ADSL 接入（Asymmetric Digital Subscriber Line，非对称数字用户线路）

用户对接入 Internet 带宽的胃口是永不满足的，而电信公司也看到了这一需求，因此就出现了现在广泛使用的通过 ADSL Modem 的接入方式，如图 4-1 右中部所示。

ADSL 中的所谓非对称是指用户访问 Internet 的过程中，上行的流量要远小于下行的流量，电话线的信道被分成了供通话用的语音信道、供上行的数据信道和供下行的数据信道（这种技术就是所谓的多路复用）。采用这种信道划分技术后，用户上网和打电话可以互不干扰，同时 ADSL 提供的带宽根据费用不同可在 1～8Mbps 之间，满足了绝大多数用户访问 Internet 的带宽要求。

目前，ADSL 是许多国家家庭用户主流的接入 Internet 方式。在少数国家如日本和韩国还有一种称之为甚高速 DSL（Very-high speed DSL，VDSL）的接入方式，它可提供下行 55Mbps 上行 19Mbps 的速度，可谓是 ADSL 的"接班人"。我国现在不是由于技术原因而是由于市场原因，导致 VDSL 没有得到推广，同时，家庭通过 LAN 接入（小区宽带）Internet 也越来越普遍了。

（3）LAN 接入（Local Area Network，局域网）

企事业单位、学校和公司等由于终端设备终端众多，且都具有较大的访问量，如果还使用电话系统接入 Internet，则带宽就显得有点力不从心了，因此我们必须使用一种称之为 LAN 的方式接入 Internet，如图 4-1 右下部所示。

计算机网络按不同的标准可以分为多种类型。如按网络覆盖的范围分，可分为覆盖建筑物、校园、单位等的局域网（Local Area Network，LAN），覆盖一个城市的城域网（Metropolitan Area Network，MAN），覆盖国家、地区、洲等的广域网（Wide Area Network，WAN），覆盖全球的当然就是 Internet 了；如按传输技术分，可分为广播式网络（Broadcast Network）和点到点网络（Point-to-Point Network）；如果按归属分，可分为军队、铁路、电力等系统所属的专用网（Private Network）和普通大众可用的公用网（Public Network）。

（4）Wi-Fi 接入（Wireless Fidelity，无线保真）

目前在家庭、学校、咖啡店、宾馆、机场、地铁甚至飞机上，不管是为了方便，或是为了吸引顾客，为了获利，现在都使用一种称为 IEEE802.11 的无线局域网（Wireless LAN，它更流行的名称是 Wi-Fi）技术，通过提供无线接入点（Access Point）来将用户的无线终端设备接入 Internet。图 4-1 右中部和右下部分别示意了在家庭和局域网中的无线接入。

目前，Wi-Fi 能提供的带宽普遍是 11～300Mbps，新的标准可以达到 1Gbps。但是无线接入点与无线终端设备的距离一般会被局限在几十米的范围内，同时无线信号的开放性导致了安全性问题，虽然 Wi-Fi 的一些标准规定了使用的几种加密算法，但现在第一代的 WEP（Wired Equivalent Privacy）加密已经可以不费吹灰之力破解，而第二代的 WPA（Wi-Fi Protected Access）加密也可以通过暴力进行破解，因此，Wi-Fi 的安全性还需要进一步努力。

（5）移动通信接入（Mobile Communication）

如果你在家中、校园、饭店之类的 Wi-Fi 接入点范围内，那么没问题，Internet 任你驰骋。但如果你在乘公交、驾汽车、游九寨、登黄山时，又怎样接入 Internet 呢？很显然，这些场合估计不会有什么 Wi-Fi 接入点等着移动的你接入 Internet。遍布全球主要地区的蜂窝式移动通信系统可以让我们接入。

如图 4-1 左下部所示，通过连接 2G/3G/4G 的移动通信系统基站，我们可以非常方便地接入 Internet。通常,这种接入方式能提供我们几 M ~ 几百 M 的带宽,具体速度与你移动的快慢以及蜂窝内用户的数量有关,目前费用相对较贵,但在逐步降低。

(6)卫星通信接入(Satellite Communication)

你能想象你在 8000m 高的喜马拉雅山上或 900 万 km^2 的撒哈拉沙漠中以及在极地地区还能连上 Internet 吗?的确,我们上面所说的接入方式都不靠谱,这种情况下,你就只能依靠卫星通信了。现在卫星通信可以提供 1Mbps 左右的带宽,但要注意的是这种方式的延迟较大且费用异常昂贵。

除了我们上面描述的几种接入方式外,在有些国家和地区也常使用闭路电视网(Cable Modem)以及光纤到户(Fiber-To-The-Home,FTTH)的接入方式。

4.1.3 Internet 的核心

从图 4-1 可以看出,Internet 中众多的路由器由通信线路相连而成的网(即通信子网)就是 Internet 的核心,各种终端设备就被这张网紧紧地连接在一起(即资源子网)。网络核心是 Internet 最复杂的部分,它使用极高带宽的通信线路(通常是光纤),同时,作为关键设备的路由器要负责将网络边缘任何一个终端设备发出的包送达到另一个终端设备。下面我们就通过对路由器和它采用的交换方式的了解,来探究一下网络核心到底做了什么以及怎么做的。

1)路由器

路由器,也可称为包/分组交换机,它是 Internet 的关键设备。前面说过,发送终端设备需要将待发送的数据进行分段,并在这些数据段前加上头部信息从而形成包,再发送出去。实际上加在头部的信息中有一个重要的内容就是这个包的最终目的地址(IP 地址)。当网络边缘的路由器从它的某个接口(输入线路)得到包后,会先把包保存在高速缓存(cache)中,然后从包的头部取得目的地址,并判定这个包应该从它的哪个接口(输出线路)转发出去才能到达最终目的地。确定好转发接口后,包会立即被送到该接口的缓存队列等待转发。当包被转发出去后,下一个路由器又进行同样的工作,如此接力直至将包送达到接收终端设备,这就是一个包通过 Internet 核心的大致过程。

路由器的种类有很多,图 4-6 分别列出了三台从低端到高端不同型号的路由器。一个简单的原则是越到 Internet 的核心,对路由器的性能要求就越高。但无论是高端的还是低端的,我们都希望路由器收到包后能尽快将这个包转发给下一个路由器。

图 4-6　路由器实景图

2)包/分组交换

上述的路由器工作方式称作为包交换(Packet Switching),也正由于 Internet 中的路由器几乎都采用了这种交换方式,所以我们说 Internet 是最大的包交换网。

实际上,还有一种叫作电路交换(Circuit Switching)的方式早在 100 年前都已经应用在电话网络系统了。回想一下你打电话的过程,你拿起听筒拨号,产生的拨号信令通过电话系统的一个个交换机转发,直到目的话机导致对方话机响铃,对方拿起听筒则通信就可以开始了,通信完毕挂掉话筒即可。这是一个相当自然且成熟的方式,但 Internet 没有选择电路交换而选择了包交换,原因是电路交换对于语言通信是很合适,但对于 Internet 这种数据通信,它在时延、突发性、容错性、灵活性、可靠性和带宽独占性等方面与语音通信的需求是不相同的,所以 Internet 采用了包交换的方式,并且也取得了极大的成功。

4.1.4 Internet 的发展

1)Internet 的发展历程

1969 年,为了能在爆发核战争时仍能保障通信联络,美国国防部高级研究计划署(Advanced Research Projects Agency,ARPA)资助建立了世界上第一个包交换试验网 ARPANET,当时它连接了美国四个大学。ARPANET 的建成和不断发展标志着计算机网络发展的新纪元,通常,ARPANET 就被认为是 Internet 的起源。

20 世纪 70 年代末到 80 年代初,计算机网络蓬勃发展,各种各样的计算机网络应运而生,如 MILNET(美国军用网络,最初连接 ARPANET,后来分开)、BITNET(最初连接世界教育单位的网络)、CSNET(计算机科学网)等,在网络的规模和数量上都得到了很大的发展。一系列网络的建设,就产生了不同网络之间互联的需求,1980 年,有 Internet 之父之称的瑟夫和卡恩两人成功开发出了现在广泛使用的 TCP/IP 协议,ARPANET 旋即于 1982 年就开始采用 TCP/IP 协议,这极大的规范和统一了 Internet 上的协议。

由于看到 ARPANET 取得的极大成功,1986 年美国国家科学基金会(National Science Foundation,NSF)资助建成了基于 TCP/IP 技术的 NSFNET,它在连接美国的若干超级计算中心、主要大学和研究机构的同时也与 ARPANET 建立了连接。由于 NSFNET 彻底对公众开放,而不像以前那样仅仅供计算机研究人员、政府职员和政府承包人使用,它后来取代了 ARPANET 而成为主干网。与此同时,世界各地也迅速建立了网络并相互连接,真正的 Internet 诞生了!

20 世纪 90 年代,随着另一位 Internet 之父蒂姆·伯纳斯·李提出万维网(World Wide Web,WWW)的设想和他随后开发的全球第一个浏览器的出现,互联网的发展和应用出现了新的飞跃。而 1995 年,NSFNET 转入商业化运作使得众多的商业公司为了利益投入巨资进行研究和开发,这可以认为是 Internet 的第二次飞跃。

从 1996 年开始,Internet 开始迅猛发展。据 We Are Social 公司发布的全球互联网产业发展状况报告指出,截至 2015 年 1 月,Internet 上有近 6 亿网站,30 亿用户,320 亿个电子邮件用户,著名社交网站 Facebook 已经拥有 13 亿用户,QQ 用户 8.2 亿著名视频网站 YouTube 上的视频已被播放了 10000 亿次,而且,这些指标还在继续呈指数增长趋势。

2）Internet 在中国的发展

Internet 在中国的发展历程可以大致划分为三个阶段：第一阶段为 1986 年~1993 年，是研究试验阶段，这个阶段仅为少数高等院校、研究机构提供电子邮件服务；第二阶段为 1994 年~1996 年，是起步阶段，随着 1994 年 4 月中关村地区教育与科研示范网络接入 Internet，实现和 Internet 的 TCP/IP 连接，从而开通了 Internet 全功能服务，从此中国被国际上正式承认为有互联网的国家；第三阶段从 1997 年至今，是快速增长阶段，这一阶段我国的几大 Internet 骨干网相继建立并快速发展壮大起来，如中国电信、中国联通、中国移动、中国科技网、中国教育和科研计算机网、中国国际经济贸易网等，截止到 2015 年 1 月，我国网民有 6.49 亿，国际出口带宽为 4118Gbps。我国的所有学校都要求连接到中国教育科研网。

Internet 发展到现在也不过几十年的时间，到目前为止，还没有什么东西能像 Internet 那样影响着全球。而 Internet 未来究竟又如何发展，这是谁也说不清的一个问题，它只能靠你丰富的想象力了。不过可以预见的是，全球现在有众多类似中国教育科研网这样部门，他们不断研究和推出新的下一代 Internet（Next-Generation Internet，NGI）技术，并积极投入建设 NGI，美国作为 Internet 发展中心的时代应该开始落幕。

4.1.5　Internet 的定义

至此，我们对计算机网络或 Internet 应该有较多的认识了。那么什么是计算机网络？不同的角度，不同的认识、不同的阶段、不同的用户都有不同的看法。但如果让我来说的话，我会说："Internet 是一切，是所有，是全部！我不在乎 Internet 是什么，我在乎的是我能从 Internet 得到什么。"当然，言归正传，我们还是给出一个目前得到较多认可的定义：

Internet 即国际互联网，又称网间网。它是利用通信设备和通信线路将位于全球不同地理位置的、功能相对独立的、数以亿计的终端设备互连起来，并通过功能完善的网络软件（网络通信协议、网络操作系统、网络应用系统等）来实现资源共享和信息交换等功能的一个复杂人工系统。

4.2　网　络　应　用

Internet 已经极大地改变了我们的思想、我们的行为、我们的世界。唯一 3 次获得普利策奖的财经作家汤马斯·佛里曼在其畅销书《世界是平的：一部二十一世纪简史》中描述了这样一个场景："我在线订购了一台 DELL 笔记本电脑，当天订单被送到位于槟城的戴尔生产工厂，在接下来的一到两天内，这台有具体规格和用户需求的笔记本电脑将被装配出来并送到我的家中。而我的电脑主要部件的来源可以是：美国英特尔公司设在菲律宾或哥斯达黎加、马来西亚或中国的工厂生产的微处理器；韩国、日本、中国台湾或德国生产的内存；中国内地或中国台湾生产的显卡；中国台湾生产的风扇；主板由韩国或中国台湾在上海开办的工厂或是中国台湾当地企业制造；键盘或者是由日本在中国天津开办的工厂生产，或者是由中国台湾在深圳的工厂生产；液晶显示器由韩国、日本或中国台湾制造；无线网卡或者是由美国在中国或马来西亚的工厂制造，或者是由中国台湾在当地或内地的工厂制造；调制解调器由中国台湾地区在内地开办的公司或中国内地当地的公司制造；电池来自日本或韩国或中国台湾设在墨西哥或马来西亚的工厂;硬盘由美国在新加坡的工厂或日本在泰国、菲律宾的工厂制造;光驱很有可能来自韩国在印度尼西亚和菲律宾的工厂,或者来自日本在中国、印度尼西亚或马来西亚的工厂;电脑包是由爱尔兰或美国在中国的公司制作;电源适配器或者是由泰国生产,或者是由中国台湾、韩国或美国在中国的工厂制造;最后,电源线是由英国在中国、马来西亚和印度的工厂制造。使供给链的每一个环节协调运作——从我在线订购,到组织生产,再到送货上门——在我看来,都是平坦世界里的奇迹之一。"

如果没有 Internet 以及 Internet 提供给我们的各种应用,这一切是不可能发生的。下面我们就来了解 Internet 改变世界的那些重要的、常见的应用。

4.2.1　WWW 服务

如果没有 Internet 之父蒂姆·伯纳斯·李在 20 世纪 90 年代初提出的万维网(World Wide Web,WWW)概念,人们对 Internet 的兴趣不会那么强烈。万维网就是由相互链接的 Web 页(即网页)组成的一个海量信息网,网页是由各种绚丽的文字、图片、动画、音频、视频以及指向其他页面的链接等元素或对象组成的文件,一个网页就是一个 HTML(Hypertext Markup Language,超文本标记语言)的文件,图 4-7 是重庆交通大学收发邮件(mail. cqjtu. edu. cn)登录页面,图 4-8 即登录页面所对应的 HTML 文件源代码的简化版。

图 4-7　重庆交通大学邮件登录页面(图片来源:重庆交通大学网络中心)

WWW 服务使用 HTTP 协议(Hyper Text Transfer Protocol,超文本传输协议)把用户的计算机与 WWW 服务器相连。在地址栏中输入 http://mail. cqjtu. edu. cn/index. html(如果没有输入 http 和 index. html,系统会自动补全)并回车后,页面就立刻显示出来了。地址栏中输入的字符串常称为网址,它的真正名称是统一资源定位符(Uniform Resource Locator,URL),目的是告诉浏览器请使用应用层的 HTTP 协议,将位于名叫 mail. cqjtu. edu. cn 主机上的 in-dex. html 文件取回并分析,如果还有其他的对象,则按照给出的 URL 取回(如 eyou1. gif 图片文件,其 URL 是 http://mail. cqjtu. edu. cn/eyou1. gif)。最后当浏览器取得了这个 index. html 文件所需要的所有对象后,就可以呈现在我们眼前。

```
< html >
< head >
    < meta http-equiv = " Content-Type"  content = " text/html ; charset = gb2312 " >
    < title >重庆交通大学邮件系统 </ title >
</ head >
< body >
    < center >
    < table width = " 739"  height = " 383"  border = " 0 " >
        < tr >
            < td width = " 738"  height = " 187"  background = " eyou1. gif" / >
        </ tr >
        < tr >
            < td height = " 196"  width = " 738"  background = " eyou2. gif" >
            < form name = " login"  action = " /remote. php"  method = " post" >
                用户名： < input name = " LoginName" > @ cquc. edu. cn < br >
                密　码： < input type = " password"  name = " Password" >
                < input type = " submit"  value = " 登录" >
                < input type = " reset"  value = " 重置" >
            </ form >
            </ td >
        </ tr >
    </ table >
</ body >
</ html >
```

图 4-8　重庆交通大学邮件登录页面源代码

　　实际上，我们经常在浏览器地址栏中看到的并不是这种简单的 URL，而是很长很多的乱七八糟的字符，如 http://vod. cqjtu. edu. cn/index. php？ s = vod-script-id-top，其实这是现在广泛使用的动态页面的技术，应用较多的是 ASP、JSP 和 PHP 等动态页面技术。上面我们看到的是静态页面。

　　另外大家需要注意 Web 应用中的 Cookie 和 Cache 技术。当你浏览某些网站需要登录时，它告诉你可以在一个星期内自动登录而不需要输入用户名和密码，当你网上购物时，将待买的商品放到购物车中，但没有真正下订单，但下周你再次购物时发现上次打算购买的商品还在购物车中，如此种种都是采用了 Cookie 技术；不知你是否发现当你第二次访问某网站的页面显示速度变快了，那是因为浏览器使用了 Cache 技术将页面上的图片、脚本代码等对象缓存在了本地，速度当然会加快。

　　前面提到，万维网是一个海量信息网，你能记住多少 URL，你又如何快速地找到需要的内容？答案就是搜索引擎。我们普遍使用的两种搜索引擎是谷歌和百度，它们极大地消除了 Internet 中的信息孤岛，给了我们所需内容的索引。

　　Web 应用是一种典型的 C-S 模式，即由充当客户端的 Chrome、Firefox、Opera 和 IE 等浏览器向充当服务器端的 IIS、Apache 等 Web 服务器发出请求，得到服务器端返回的网页后呈现给用户。

4.2.2 电子邮件

电子邮件(E-Mail)是 Internet 早期非常主要的应用,当然现在也不例外,其重要性无须多言,下面将简单介绍其收发的过程。

如图4-9所示,现假设在重庆交通大学注册的用户张三 zhang3@cqjtu.edu.cn(这个电子信箱的实际含义是在重庆交通大学的邮件服务器上有一个注册用户名为 zhang3)欲给在雅虎注册的用户李四 li4@yahoo.com 发送一封电子邮件,接下来李四接收该邮件,其过程大致如下:

(1)撰写邮件。张三使用某种邮件客户端软件如微软的 Outlook Express,或国产的 Fox Mail 等撰写邮件。这些软件一般都有撰写、查看、管理、发送、接收邮件等功能。

(2)发送邮件。点击发送后,该邮件将使用简单邮件发送协议(Simple Message Transfer Protocol,SMTP)发送到重庆交通大学的邮件服务器中。

(3)排队等待。交大的邮件服务器收到该邮件后进行相应处理,然后送到邮件缓存队列中排队等候发送(显而易见,该服务器要为许多用户发送邮件,故需要排队)。

(4)发送邮件。交大邮件服务器又用 SMTP 协议将该邮件发送到雅虎邮件服务器中。

(5)到达邮箱。雅虎邮件服务器收到该邮件进行相应处理后,将该邮件存放到李四的邮箱(因需要长期保存,该邮箱多数情况是外存的一块区域),此时雅虎邮件服务器向交大邮件服务器送回接收成功的信号,然后交大的邮件服务器又会告知张三使用的邮件客户端软件,接下来张三就会看到邮件成功发送的消息。

(6)查看邮件。如果李四此时想查看他的邮件,那么他也将使用某款邮件客户端软件进行登录,接下来就可看到邮件列表和内容等。但请注意李四查看接收邮件使用的是所谓的第三版邮局协议(Post Office Protocol,POP3)。

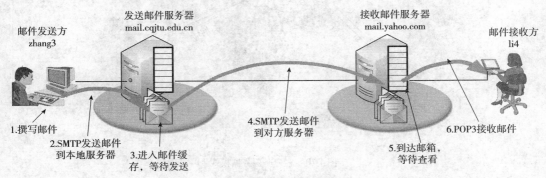

图4-9 邮件收发示意图

以上即邮件的收发过程,可以看出邮件的发送分为两个阶段,发送邮件与接收邮件是两个互不相关的过程,且使用不同的网络协议。但有人肯定会存有异议,因为我们现在普遍使用的都是一种非常方便的称为 Web Mail 的邮件收发方式,也即在图3-9中的步骤2和步骤6我们使用的是 HTTP 协议,但在邮件服务器之间即步骤4仍然使用 SMTP 协议。这种基于Web 方式的邮件服务是1995年由沙比尔·巴提亚和杰克·史密斯提出来的,随后他们游说了 Internet 风险投资家德雷帕·费希尔成立了 Hotmail 公司来免费提供基于 Web 的邮件服务。一年半以后,大名鼎鼎的微软公司看好其发展,用 4 亿美金收购了 Hotmail,让世人瞠目结舌,所以 Internet 到处都是机会!

4.2.3 火热的 P2P

Internet 提供的服务也可称为网络应用,这些网络应用通过两种模式供我们使用,一个是客户—服务器模式(Client-Server,C-S),另一个是对等模式(Peer to Peer,P2P)。

如图 4-10 所示,在 C-S 模式中,一定有一台称作服务器端的主机在为称作客户端的众多主机提出的请求服务。最典型的例子就 WWW,运行着网页服务的服务器上有许多的信息(网页、图片、视频等),客户端通过浏览器向该服务器发出请求,希望获得服务器的某个对象,服务器将会将该请求的对象发送给客户端,然后由浏览器显示出来。在这种模式中,客户端之间是没有任何联系的,比如两个浏览器是不会直接通信的,另外作为服务器,它一般来说应该有一个固定的、众所周知的地址(我们姑且认为是网址),客户端才能够向这个地址发出的请求。采用这种模式的常见网络应用是网页浏览、搜索引擎、电子邮件、即时通信、网络游戏、远程登录、电子商务等。需要指出的是,在 C-S 模式下单个的服务器是不能应付众多客户端的请求的,因此,常常采用一种称为服务器集群(即多服务器的意思)来提供服务,保证应用的正常使用。

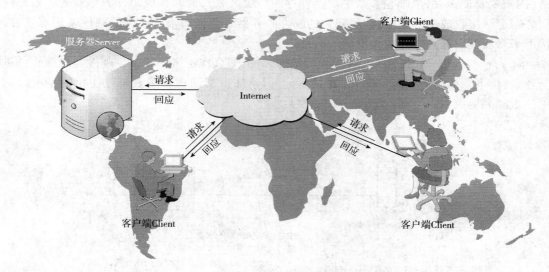

图 4-10　客户—服务器模式

如图 4-11 所示,在 P2P 模式中,没有哪台主机固定是服务器或客户端,每个主机都可以接受其他主机的服务成为客户端,同时又可以为其他主机服务而成为服务器,所以称其为对等端(Peers)。并且这些主机不属于某一个服务提供商,也没有什么固定的网址之类的说法,它有可能就是你家里、学校里以及办公室里的某台计算机。在 P2P 模式中,参与的主机越多,可以为你提供服务的可能性就越大(数据的来源就可能越多),性能就越好。目前,越来越多对流量敏感的应用都采用了这种模式,如文件分享(VeryCD)、网络电视(PPLive)、网络电话(Skype)等。

目前,基于 P2P 这种技术的应用很多,下面我们以普遍使用的下载软件迅雷来简单说明其工作方式。

图 4-11　对等模式

图 4-12 是迅雷下载完一个约 2GB 大小文件时的统计图。对于大多数用户而言,迅雷下载文件之所以相对快速,是因为它不但从原始地址下载文件(406MB),同时其至少还使用了的两种技术:一是镜像服务器加速,即如果你要下载的文件已经存在于迅雷建立的镜像服务器中时,那么该文件将会同时从原始和镜像两个点下载(152MB),所以速度得以加快;二是使用 P2P 加速(1.36GB),这常常是其速度快的主要原因。我们可以看到,迅雷下载这个文件比仅从原始地址下载足足快了 16h。

迅雷使用的 P2P 加速实际上是采用了分散定位和分散传输技术。分散定位是指文件分布在 Internet 的不同主机即对等端(Peers)中,分散传输是指迅雷将一个文件按照规则划分为许多的小文件块,下载该文件时,迅雷同时从不同地方的许多对等端下载这个文件的不

> ✔ 加速节省时间: 18时18分22秒
>
> 下载数据来源
>
> ≫ 原始地址 406.26MB
>
> 镜像服务器加速 152.17MB
>
> 迅雷P2P加速 1.36GB
>
> ⊘ 高速通道加速 0.00B
>
> ⊘ 离线下载加速 0.00B

图 4-12　迅雷下载加速统计图

同部分,当该文件的所有块都下载完后再还原成完整的文件。如图 4-13 所示,下载该文件时总共有 356 个对等端参与,迅雷正从其中的 83 个对等端中下载文件块,同时还在进一步与其中的 265 个对等端建立连接以加快下载速度,另外有 7 个对等端没有使用,还有 1 个正在加入中。请注意,因为对等端的加入与退出都是随意而非强制性的(也不可能做到),所以这些数字不是固定而是动态变化的。我们之所以称这些主机为对等端,那是因为在迅雷的安排下,你也同时在为其他人服务,即他们也从你的计算机中获得资源。

上述的迅雷仅仅是 P2P 在文件共享方面的一个应用,实际上像即时对等通信(QQ)、协同计算(NetBatch)、网络视频(PPLive)、网络电话(Skype)等等都使用了 P2P 技术。

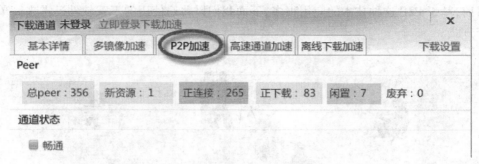

图 4-13　迅雷下载 P2P 连接资源图

P2P 技术的好处是明显的,并且还在不断地发展和改进。但随着其广泛地使用有些问题也有待我们思考,比如:基于 P2P 的流量消耗了大量的带宽,并且 ISP 没能从中赢利,以至于某些 ISP 干脆对 P2P 进行限速;P2P 使得数字作品的版权难以得到保障,特别是音频和视频作品等,并且还难以进行管理和取证。

实际上,并非所有的应用都只能采用一种模式,有些应用可以同时采用 C-S 和 P2P 这两种模式,被称为混合模式,比如常用的即时通信软件 QQ 就是这样。QQ 用户登录时,必须经过 QQ 的服务器进行验证,获取、追踪该用户及其好友的地址、状态等信息,这就是 C-S 模式。一旦登录成功,QQ 用户间相互的通信直接进行而不需要经过 QQ 服务器,这就是 P2P 模式。

现在还有一种叫 B-S(Browser-Server)模式即浏览器—服务器模式的说法,它实质上仍是 C-S 模式,只不过客户端这边统一表现为某种浏览器软件而已,如 WebQQ、搜狗云输入以及各种各样的网页游戏等。目前这种模式是一个重要的发展方向,它比传统 C-S 模式应用在开发、部署、安装、维护、用户体验等方面都有优势,此处我们不进行探讨,请参考相关资料。

本小节我们介绍了 Internet 的三种主要的应用,除此之外,Internet 还有许多其他的应用,如文件传输、远程登录以及网络管理等。这些应用有的随着时代的发展得以进一步扩展,有的则逐渐退出历史舞台销声匿迹。

4.3　隐　蔽　战　线

4.3.1　IP 地址

前面我们提到,位于 Internet 中的每一个网络设备都必须有一个全球唯一的地址——IP(Internet Protocol)地址来标识自己,类似于我们的身份证号码。因此,计算机要接入 Internet,要使用 Internet 的各种服务就必须配置一个 IP 地址。

以 Windows 操作系统为例,图 4-14 就显示了一台计算机典型的基本网络配置,IP 地址被配置为 202.202.243.8。IP 地址是一个 32 位的二进制数,一般采用"点分十进制"形式将32 位分隔为 4 段 8 位的二进制数,每段表数范围就是十进制的 0~255,如该 IP 地址对应的二进制就是:11001010.11001010.11110011.00001000。

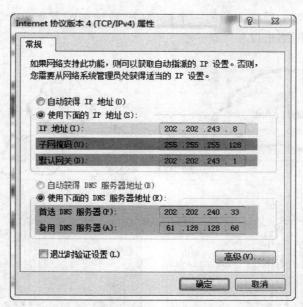

图 4-14　Windows 系统网络配置图

32 位的 IP 地址总共有 2^{32} , 即约 43 亿个, 其中有部分地址由于管理需要、用于实验、用于多播等种种原因不能使用, 提供给用户的没有这么多。另外, 由于 Internet 的蓬勃发展, 现在的 IP 地址已经不够分配了(2011 年已经分配完毕), 我们得寄希望于下一代 IP 地址即 IPv6, 目前的 IP 则称为 IPv4(如重庆交通大学最初仅分得了 202. 202. 240. X ~ 202. 202. 255. X 这一段共 4096 个 IPv4 地址, 其中 Web 服务器的 IP 地址是 202. 202. 240. 6)。

就像我们的身份证号码有具体的含义一样, IP 地址也并非是一些顺序的数字。IP 地址包含了两层含义:首先是要表明拥有该 IP 地址的网络设备处于哪个网络, 称为网络号(Internet 中的网络如此之多, 所以首先需要确定该设备位于哪个网络);然后是表明这个网络中的哪台设备, 称为主机号(到达了那个网络, 则最终找到该设备就可以靠这个主机号了)。如果网络中网络设备的 IP 地址具有相同的网络号, 则我们称这些网络设备在同一个子网中。

提出 IPv6 的原因很多, 比如 IPv6 比 IPv4 更具有安全性、易用性、简单性等, 但其中最主要也最重要的是数量问题(由于我国的 IPv4 地址严重不足, 因此我国大力推进 IPv6 的部署以解决该问题)。IPv6 有 128 个二进制位, 即有 2^{128} , 约 3.4×10^{38} 个地址。这是一个天文数字, 相当于在地球上每平方米拥有 7×10^{23} 个地址, 毫不夸张地说可以让地球上每粒沙子都有一个 IP 地址。由于 128 位显得太长, 因此 IPv6 采用十六进制表示, 即用冒号将 128 位二进制分为 8 段 16 位, 如谷歌的 IPv6 地址是 2001:4860:C004::62(两个冒号之间全是 0, 所以省略)。目前, 我国每个高校都分得了 2^{80} 个 IPv6 地址, 如重庆交通大学的 IPv6 地址以 2001:0DA8:C801 开头。

4.3.2　网关

从图 4-14 中可以看到有一项网络配置是默认网关(Gateway)的 IP 地址。那么网关是什么, 它的作用何在, 它又在何处? 图 4-15 是重庆交通大学软件实验室子网网关示意图。从图中可以看到网关实际上是路由器的一个接口（IP地址被配置为202.202.243.1），它是软件实验室这个子网的网络出口和入口。

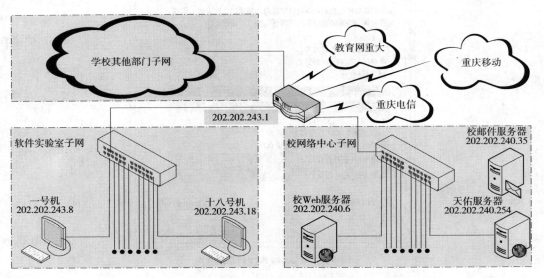

图4-15　软件实验室子网网关示意图

假设软件实验室一号机要访问十八号机即202.202.243.18，则一号机将会通过交换机直接把数据包转发到十八号机而不会转发给网关，如果一号机要访问天佑即202.202.240.254，则一号机会把数据包转发给网关即IP为202.202.243.1的一个路由器接口，路由器收到数据包后再将其转发到连接学校网络中心子网的一个接口，从而最终到达天佑服务器，显然，如果访问的是谷歌，则道理相同，不过数据包从某个路由器接口转发出学校而已。

4.3.3　域名服务

域名是由字符串组成的对应某个IP地址的有意义的主机名。例如：ibm.com（IBM公司的域名）；tsinghua.edu.cn（清华大学的域名）等。域名服务器（Domain Name Server，DNS）的作用就是将域名转换成对应的IP地址，这些域名不仅包括在浏览器地址栏输入的网址，还包括电子邮件地址。当我们使用所谓的网址或电子邮件地址时，DNS自动将它们转换成了对应的IP地址，这个过程称为域名解析。中文域名是指含有中文文字的域名。

域名是以若干英文字母（中文文字）和数字组成，由"."分隔成几部分，最后的部分为顶级域（如.com、.net、.org、.cn等），由国际互联网络信息中心负责管理和分配。

如图4-16所示，顶级域名有通用域和国家域两种。常用的通用域中.com一般用于商业性的机构或公司，.net一般用于从事Internet相关的网络服务的机构或公司，.org一般用于非营利的组织、团体，国家域中.cn代表中国，.jp代表日本，.ca代表加拿大等。在这些顶级域名之下的都称之为子域，上层域决定如何分配其下层域包括创建新的子域，同时域名通过点连接且对大小写不敏感。比如我们常说的网址 www. cqjtu. edu. cn 的含义是:在中国域下的教育机构域下的重庆交通大学域中一台名叫 www 的计算机。

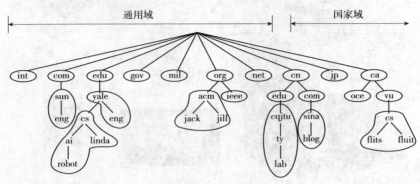

图 4-16 域名的类别

地理模式是按国家(地区)划分的,每个申请加入 Internet 的国家(地区)都作为一个顶级域,如 uk 代表英国,cn 代表中国,hk 代表香港(地区),tw 代表台湾,jp 代表日本(由于美国是 Internet 的起源国,它就直接使用组织模式,后面不跟国别代码)。

组织模式和地理模式今后可能还会推出新的内容;另外,在顶级域之下还可划分为二级域名,二级域名由二级域名管理机构管理分配,二级域名之下还可划分为多级,由下一级管理机构管理分配。

单位或个人对域名的拥有要先注册,注册成功后方可正式使用,而注册和拥有是要付费的。

值得一提的是,DNS 服务如此重要,以至于全球 13 个根 DNS 服务器中有 10 个在美国,其余 3 个分别在英国、瑞典和日本。中国只有其中 3 个根 DNS 服务器的镜像,因此相当的受制于人,存在很大的安全隐患。另外,我国于 2008 年开始部署和实施的中文域名如"海信.中国"、"苹果.cn"等,本意是为了促进域名产业的发展,方便用户上网,提高 Internet 的使用率,但从目前的使用情况来看,由于其方便性值得商榷,反而应者寥寥。

4.4 身边的计算机网络

关于 Internet 的概念前面已经介绍了很多,本节谈谈我们身边的计算机网络。如图 4-17 所示,它包含了有线网络和无线网络,同时包含了很多网络设备:ADSL 设备、无线路由器、台式机和笔记本中的网卡、笔记本中的无线网卡和平板、手机中的无线设备(Wi-Fi 模块)。

4.4.1 网络的连接

通过网线把台式机、笔记本同路由器连接在一起组成了一个有线网络;通过 WiFi 把平板、手机或者笔记本连接到路由器上组成了一个无线网路;这两种网络通过无线路由器汇接在一起,组成了一个局域网(LAN);然后通过路由器上的广域口 WAN 连接到 ADSL 设备接入了互联网(Internet);路由器内部完成 ADSL 自动拨号上网,就把家庭中的所有设备连接到了互联网上。

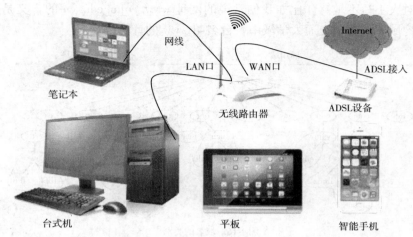

图 4-17　身边的计算机网络

4.4.2　设置无线路由器

这种网络的关键设备是无线路由器,只要掌握了它的设置,就可以完成组网。家用无线路由器有很多种,但设置大同小异,下面以 D_Link 为例介绍其主要设置过程,具体的设置参见路由器的设置说明书。

(1)完成硬件连接(WAN 连接 ADSL 设备、LAN 口连接计算机网卡)。

(2)把计算机的网络设置中的"Internet 协议版本 4(TCP/IPv4)"中的"属性"设置为"自动获得 IP 地址","自动获得 DNS 服务器地址"。

(3)打开网页,输入网址(如 http://192.168.0.1),登录路由器管理界面,按照说明,输入用户名、密码等,进入管理界面。

(4)设置有线网络,主要设置好 WAN 的参数:填入宽带网络运营商提供的上网用户和密码,选择连接模式(包月的话选择"一直连接",否则选择"手动连接")。点击"应用"后,有线网络就可以用了。

(5)设置无线网络,主要设置无线网络标识(SSID)、安全选项、WiFi 密码。特别注意,一定要设置密码,否则很容易被他人蹭网使用。点击"应用"后,无线网络就可以用了。

至此,基本设置好了无线路由器,有线网络就组好网了,可以上网;接下来需要设置平板、智能手机的 WiFi。

4.4.3　设置移动设备的 WiFi

当前主要的移动设备操作系统为 Andriod(安卓)、IOS(苹果)、Windows(微软),它们的设置不相同;另外,版本不同,也可能会有一些差异。

1)Andriod4.0(安卓)系统下的 WiFi 设置

(1)主菜单中点击"设置"图标,进入系统的设置菜单,选择"无线和网络"。

(2)进入无线和网络后,打开 WLAN 会自动搜索信号。

(3)选择无线路由器中的无线网络标识(SSID),输入密码即可。

2）IOS7（苹果）系统下的 WiFi 设置

（1）点击主菜单下的"设置"，选择"无线局域网"。

（2）打开"无线局域网"，然后点击所需要连接的无线网络。

（3）输入无线网络的密码，输入正确后点加入，稍等一会连接成功即可无线上网。

3）Windows 7（微软）系统下的 WiFi 设置

（1）依次点击"开始菜单"→"控制面板"→"网络与共享中心"，在打开的页面，点击左边的"更改适配器设置"，在打开的页面，查看"无线网络连接"是否已经启用。如果"无线网络连接"的图标为灰色，则右键点击图标，然后选择"启用（A）"启用无线网络连接；

（2）启用无线网络连接后，返回电脑桌面。点击右下角的任务栏里的无线网络连接小图标，会出现一排无线接入点的名称，点击所需要连接的无线网络，选择"连接"按钮，输入密码，就连接到无线网络了。

4.5　网　络　故　障

平时使用网络，我们或多或少的都会遇到一些问题。由于各自的网络环境不同，出现的故障复杂多样，有时即使问题相同，但故障表现都可能是不一致的。下面基于重庆交通大学的网络环境，以一个实例对常见的一些网络故障做出简单的说明。

以图 4-15 为例，假设你在重庆交通大学软件实验室上网（也即要访问校外站点需登录 Dr. com），你的网络配置是通过 DHCP 自动获得的。现打开浏览器输入 www. baidu. com，没有见到常见的百度页面，下面将使用由近到远的排除法和替换法进行故障诊断：

（1）测试到自身的连通性——"ping 127. 0. 0. 1"。

如果得到了回复，则表明自身的网络硬件——网卡、网络软件——TCP/IP 协议工作正常；否则可以判断是否网卡坏、网卡驱动程序未安装正常、网络协议未安装正常等，总之问题在自身。此时可通过硬件设备查看网卡的情况，通过网络属性查看协议的安装情况从而进行修复。

（2）测试到本子网其他计算机的连通性——"ping 202. 202. 243. 18"。

202. 202. 243. 18 是本子网的一台正常运行的主机，如果得到了回复，则表明本子网通信正常，否则可以考虑是否水晶头接触问题、子网交换机等硬件或线路问题，这两个问题都可以通过网卡上的灯亮否进行判断从而修复。

（3）测试到网关的连通性——"ping 202. 202. 243. 1"。

202. 202. 243. 1 是本子网的网关，如果得到了回复，则表明网关工作正常，否则问题在网关，从网络位置可以看到，网关是属于学校网络中心的设备，这是我们无能为力的事情，只好等待网络中心进行修复。

（4）测试到校内某站点的连通性——"ping 10. 1. 90. 3"。

10. 1. 90. 3 是重庆交通大学的教务网服务器，如果得到了回复，则表明校内连通性正常，否则测试其他站点（如计费网关 202. 202. 240. 62），避免因教务网服务器由于当前在维护而使我们的判断出错。（我们没有使用学校或天佑的服务器，是因为这两个服务器对 ping 不做出回应，并非有问题）。

（5）使用域名测试到校内某站点的连通性——"ping jw. cqjtu. edu. cn"。

如果得到了回复，则表明 DNS 工作正常，否则查看 DNS 配置进行修复（学校的 DNS 服务器的 IP 地址是 202.202.240.33，也可使用电信的 DNS 服务器 61.128.128.68）。

（6）如果到这一步都正常，那么你得考虑是否 Dr. com 没有登录成功、百度服务器有问题（可能性微乎其微，可通过访问其他校外的站点进行检验）、你计算机中了病毒、浏览器方面故障等原因了。

实践中，还经常听到这样的说法"我同寝室同学的计算机能上网，就我的不行"，其实这最好办，那就看看你同学的上网环境，使用和他相同的浏览器、用他的账号、用他的网线、用他的网络配置等进行替换测试，这样来找出问题的所在。

习　题　4

一、单项选择题

1. Web 上每一个页都有一个独立的地址，这些地址称作统一资源定位符即（　　）。
   A. URL　　　　　　B. WWW　　　　　C. HTTP　　　　　D. USL
2. Internet 采用域名地址是因为（　　）。
   A. 一台主机必须用域名地址标识
   B. 一台主机必须用 IP 地址和域名地址共同标识
   C. IP 地址不能唯一标识一台主机
   D. IP 地址不便于记忆
3. 用户申请的电子邮箱通常是（　　）。
   A. 通过邮局申请的个人信箱　　　　　　B. 邮件服务器内存中的一块区域
   C. 邮件服务器硬盘中的一块区域　　　　D. 用户硬盘中的一块区域
4. 我国的域名注册由（　　）管理。
   A. 中国科学技术网络信息中心　　　　　B. 中国教育和科研计算机网络信息中心
   C. 中国互联网络信息中心　　　　　　　D. 中国金桥信息网络信息中心
5. Internet 中电子邮件地址由用户名和主机名两部分组成，两部分之间用（　　）符号隔开。
   A. ://　　　　　　B. /　　　　　　　C. #　　　　　　　D. @
6. IPv4 和 IPv6 地址分别由（　　）位和（　　）二进制数组成。
   A. 128　　　　　　B. 16　　　　　　C. 32　　　　　　D. 64
7. ISP 是（　　）的简称。
   A. 传输控制层协议　　　　　　　　　　B. 间际协议
   C. Internet 服务提供商　　　　　　　　D. 拨号器
8. http://www. 163. com/home. html 中主机名表示为（　　）。
   A. http　　　　　　B. home. html　　　C. www. 163. com　　D. 163. com
9. TCP/IP 协议的含义是（　　）。
   A. 局域网的传输协议　　　　　　　　　B. 拨号入网的传输协议

C. 传输控制协议和 Internet 协议　　　　D. OSI 协议集

10. 调制解调器(Modem)的功能主要是实现(　　　)。

    A. 数字信号的编码　　　　　　　　B. 模拟信号的放大

    C. 模拟信号与数字信号的转换　　　D. 数字信号的整形

11. 能代表 Web 页面文件的文件名后缀是(　　　)。

    A. . html　　　　　　B. . txt　　　　　　C. . wav　　　　　　D. . gif

12. 我国的所有学校都要求连接到(　　　)。

    A. 中国教育科研网　　　　　　　　B. 中国电信网

    C. 中国联通网　　　　　　　　　　D. 中国移动网

13. 下载软件迅雷主要采用了一种称为(　　　)的技术来加快下载速度。

    A. C2C　　　　　B. B2B　　　　　C. B2C　　　　　D. P2P

14. 一个网页就是一个 HTML 的文件,HTML 的全称是(　　　)。

    A. 万维网　　　　B. 超文本标记语言　C. 协议　　　　D. 静态网页

二、填空题

1. 网络和通信领域中的数据传输率称为_____,单位是比特/秒。

2. Internet 的网络应用通过_____和_____两种模式供我们使用。

3. Internet 的网络模型被分为了_____、_____、_____、_____、_____共5层。

4. 光纤能够远距离传输信号,主要是利用了光的_____原理。

5. 按覆盖的范围分类,网络可分为_____、_____、_____和 Internet 四种。

6. 一般我们把_____认为是 Internet 的前身。

7. 在 Internet 网络模型中,负责路由选择,使发送的包能按其目的地址正确到达目的地的层次是_____。

8. 域名地址从左到右的最后一部分要么表明是某种通用域,要么是_____。

9. HTTP 是一种用于传输_____的协议。

10. 要测试到其他计算机的连通性可以使用_____命令。

三、术语释义及简答题

1. 什么是 Internet? 你认为 Internet 以后将怎么发展?

2. 常用的网络传输介质有哪些? 各自的特点是什么?

3. 网络通信中,为什么要使用网络协议? 你知道哪几种协议?

4. Internet 的核心中为何需要路由器?

5. 什么叫 IP 地址? 其具体表示形式是什么?

6. 常用的接入 Internet 的方式有哪些?

7. 常见终端设备有哪些?

8. 常见的网络应用有哪些?

9. 术语释义:主机、协议、ISP、调制解调器(Modem)、浏览器、TCP/IP、网页、域名。

10. 你使用的是哪种接入 Internet 的方式,它有什么特点? 如果你认为 Internet 的速度慢,那么可能的原因是什么?

第5章 多媒体技术基础

多媒体技术是 20 世纪 80 年代发展起来的一门综合技术,美国麻省理工学院多媒体实验室最早开始这方面的研究。本章将介绍多媒体技术相关的概念,常用媒体类型和基本应用,通过学习 Windows 自带的多媒体工具的使用帮助读者掌握多媒体技术的内涵,了解多媒体技术的关键技术和研究内容,从而对多媒体与多媒体技术建立感性的认识。

5.1 多媒体技术概述

所谓多媒体技术是指利用计算机综合处理文本、图形、影像、动画、声音及视频等多种信息,并建立信息之间的逻辑关系以实现人机交互的技术。多媒体技术的发展和应用改变了计算机的使用领域,使计算机由办公室、实验室中的专用品变成了信息社会的普通工具,广泛应用于工业生产管理、学校教育、公共信息咨询、商业广告、军事指挥与训练,甚至家庭生活与娱乐等领域,给人们学习、生活、工作的方式和质量带来了巨大变化。

5.1.1 媒体的定义及其类型

1)媒体

媒体(Media)是指信息的载体,是信息的表示形式。客观世界包含着许多信息,它们都借助于媒体来表示、存储和传输,比如报纸、广播和电视就被称为大众传播媒体。可以说媒体客观地表现了自然界和人类活动中的原始信息。

在计算机技术领域中,媒体有两种含义:一是指存储信息的实体,如磁盘、光盘、半导体存储器、磁带等;二是指表示和传递信息的载体,即承载信息的逻辑载体,如数字、文字、声音、图形、图像等,多媒体技术中的媒体通常指后者。

2)媒体的分类

媒体概念的范围十分广泛,人们既可以通过媒体感知信息,也需要通过媒体存储、传输和表示信息。按照国际电信联盟的定义,可将媒体分为 5 类,即感觉媒体、表示媒体、表现媒体、存储媒体与传输媒体。

感觉媒体:指直接作用于人们的感觉器官,从而能使人产生直接感觉(视、听、嗅、味、触觉)的媒体。如文字、符号、图形、图像、动画、视频等视觉形式,语音、声响、音乐等听觉形式,以及触觉、嗅觉、味觉形式。由视觉和听觉获取的信息,占据了人类信息来源的 90%。目前对视觉、听觉媒体的研究与实现,技术相对完整和成熟,而对触觉、嗅觉、味觉的研究与应用仍在不断探索中。

表示媒体:指为了加工、处理和传输感觉媒体而人为地研究、构造出来的一种媒体,表现为各种编码方式,如字符编码、语音编码、视频编码、条形码、图像编码等,借助这种媒体能更有效地存储感觉媒体或将感觉媒体从一个地方传送到遥远的另一个地方。

表现媒体:指用于输入和输出的媒体,它实现感觉媒体和用于通信的电信号之间的转换,如键盘、话筒、扫描仪、摄像机、数码相机等输入设备和显示器、音箱、打印机等输出设备。

存储媒体:指用于存放某种媒体的载体,更多的是指存储感觉媒体数字化后的二进制编码,以便计算机调用和处理信息,如硬盘和光盘是最典型的存储媒体。

传输媒体:指用于信息通信传输的物理载体,指将信息从一个地方传送到另一个地方,主要指通信设施,如电话线、电缆、光纤、卫星、微波等。

5.1.2 多媒体的定义及多媒体数据的特点

1) 多媒体

多媒体一词译自英文"multimedia",是融合两种或两种以上媒体的人—机互动的信息交流和传播媒体。在这个定义中有如下含义:

(1) 多媒体是信息交流和传播媒体,从这个意义上说,多媒体和电视、报纸、杂志等媒体的功能是一样的;

(2) 多媒体是人—机交互媒体,这里所指的"机",主要是指计算机,或者是由微处理器控制的其他终端设备。计算机的一个重要特性是"交互性",使用它容易实现人—机交互功能,这是多媒体和模拟电视、报纸、杂志等传统媒体大不相同的地方;

(3) 多媒体信息都是以数字的形式而不是以模拟信号的形式存储和传输的;

(4) 传播信息的媒体的种类很多,如文字、声音、电视图像、图形、图像、动画等。

虽然融合任何两种或两种以上的媒体就可以称为多媒体,但通常认为多媒体中的连续媒体(声音和电视图像)是人—机互动的最自然的媒体。

2) 多媒体的媒体元素

多媒体数据包含多种的媒体元素。媒体元素主要指文本、图形、音频、视频和动画等。各种媒体信息通常按规定格式存储在数据文件中,对多媒体信息的处理实际上是对各种媒体元素的处理。在多媒体应用中,最终展示给用户的是整合了各种媒体元素的信息媒体,是运用存储与再现技术得到的数字化信息。

(1) 文本(Text)

文本是各种字符和符号的集合,比如输入计算机的源代码、一篇文章等都是文本。虽然文本所包含的信息量很大,但占用的存储空间却很小,因此文本是最常用的一种符号媒体形式,也是人机交互的一种主要形式。文本通常通过编辑软件生成,文本中如果只有文本信息,没有其他任何有关格式的信息,则称为非格式化文本文件或纯文本文件;而带有各种文本排版信息等格式信息的文本,称为格式化文本文件,如 Word 文档就是典型的格式化文本文件。常用的软件有记事本、写字板、word 字处理软件等。

(2) 图形(Graphics)

图形是指由点、线、面等元素构成的图案。如直线、圆、圆弧、矩形、任意曲线等构成的几何图和统计图等。图形的最大优点在于可以分别控制处理图中的各个部分,如在屏幕上移动、旋转、放大、缩小、扭曲而不失真,不同的物体还可在屏幕上重叠并保持各自的特性,必要时仍可分开,如图 5-1 就是一个图形生成的白菜图案。

（3）图像（Images）

图像（Images）是指由数字化方法记录下来的自然景物。一幅图像由许多像素来组成,借助于一些辅助设备,如扫描仪、数码相机等,可将其输入计算机进行处理。计算机可以处理各种不规则静态图片,如扫描仪、数字照相机或摄像机输入的彩色、黑白图片或照片等都是图像。图像记录着每个坐标位置上颜色像素点的值,所以图形的数据信息处理起来更灵活,而图像数据则与实际更加接近,但是它不能随意放大,图 5-2 就是图像放大的结果。图像通常可分为:黑白图像、灰度图像和彩色图像等。

图 5-1　图形生成的白菜　　　　　　　　图 5-2　图像放大后的结果

在多媒体应用中,图形和图像具有非常重要的地位。虽然图形图像占用的存储空间相对于文本来说大得多,但在多媒体系统中使用图形图像,可以生动形象、简洁直观地表示大量的信息,使得媒体的视觉效果和质量更加完善和精美,从而得到了广泛使用。目前,能完成图形图像处理的软件非常多,较为常用的软件有:Windows 自带的绘图程序、Viso、Auto-CAD、CorelDraw、Gimp、Photoshop 等。

（4）音频（Audio）

音频是指在 20Hz～20kHz 频率范围内连续变化的波形,通过声音采集设备捕捉或生成的声波以数字化形式存储,并能够重现的声音信息。音频信息增强了对其他类型媒体所表达信息的理解。"音频"常常作为"音频信号"或"声音"的同义词。计算机音频技术主要包括声音的采集、数字化、压缩/解压缩以及声音的播放。常用的音频编辑软件有 Windows 自带的录音机、Cooledit、Adobe Audition 等。

（5）视频（Video）

视频是内容随时间变化的一组动态图像。人们从电视中和计算机上看到的视频节目实际上是一幅幅离散的图像快速播放的结果,由于人眼视觉暂留的原因,给人留下了连续的感觉,所以视频也常称为运动图像或活动图像。

视频常分为模拟视频和数字视频。模拟视频每一帧图像是实时获取的自然景物的真实图像信号,我们日常生活中看到的电视、电影都属于此范畴。模拟视频经过长时间的存放或经过多次的拷贝之后,画面的质量会降低;而数字视频是基于数字技术以数字方式记录的视频信息,数字视频可以不失真地进行无数次的复制,且长期存放也不会降低质量。模拟视频采用线性编辑处理,而数字视频采用非线性编辑处理,并可增加一些特技效果。

常用的非线性编辑软件有 Adobe Premiere、Edius、Vegas、Final Cut、Avid、绘声绘影、Movie Maker 等。

（6）动画（Animation）

动画是运动的图画，实质是一幅幅静态图像或图形的快速连续播放。与视频不同，动画中的画面是人工或计算机生成的画面，而视频中的画面通常来自于自然景物或景观。Flash、Maya、Softimage、Painter 是较为常用的动画制作软件。

3）多媒体数据的特点

传统的数据类型主要是文本和数值型数据，这些数据类型简单规范，便于保存和处理。比如一个西文字符在存储时占用一个字节存储空间，一个中文字符在存储时占用两个字节的存储空间等。而多媒体数据除了文本和数值型数据外，还有图形、图像、音频、视频和动画等数据，这些数据的类型较为复杂，体现出以下的特点：

（1）数据量巨大

计算机要完成将多媒体信息数字化的过程，需要采用一定的频率对模拟信号进行采样，并将每次采样得到的信号采用数字方式进行存储，较高质量的采样通常会产生巨大的数据量。构成一幅分辨率为 640×480 的 256 色的彩色照片的数据量是 0.3MB；CD 质量双声道的声音的数据量要每秒 1.4MB。

（2）数据类型多

多媒体数据包括文字、图形、图像、声音、文本、动画等多种形式，数据类型丰富多彩。

（3）数据类型间差异大

多媒体数据在内容和格式上的不同，使其处理方法、组织方式、管理形式上存在很大差别。

（4）多媒体数据的输入和输出复杂

多媒体信息输入与输出要与多种设备相连，对输入输出数据的处理方式和格式都存在很大差别。

（5）有时间上的顺序性和数据流的连续性要求

多媒体数据通常是包含时间成分的数据信息，如视频、音频和动画，必须按时间先后顺序，连续不遗漏地进行记录和播放，若在时间上靠前的数据延后播出，即使内容正确也将失去其意义。另外数据流在播放时若不连续也将影响其效果。

5.1.3　多媒体技术的定义及其特点

1）多媒体技术的定义

这里所说的"多媒体"，常常不是指多种媒体本身，而主要是指处理和应用它的一整套技术。"多媒体技术"不是各种信息媒体的简单复合，它是一种把文本、图形、图像、动画、视频和声音等形式的信息结合在一起，并通过计算机进行综合处理和控制，使多种媒体信息之间建立逻辑连接，能支持完成一系列交互式操作的信息技术。

多媒体技术融合了计算机硬件技术、计算机软件技术以及计算机美术、音乐等多种计算机应用技术。多种媒体的集合体将信息的存储、传输和输出有机地结合起来，引领人们走进了一个多姿多彩的数字世界。

图5-3给出了图、文、声、像综合动态表现的多媒体示例,从中可以感受到多媒体技术的艺术感染力。如果将其中的图像和动画合并为一类,则多媒体可看成图、文、声三大类型的媒体语言,前两者属于视觉语言,而声属于听觉语言,它们均属于感觉媒体的范畴。

图5-3 图、文、声、像综合动态表现的多媒体示意图

2)多媒体技术的特点

(1)同步性

多媒体技术的同步性主要是指多媒体业务终端上显示的图像,声音和文字是以同步的方式工作的。

(2)集成性

多媒体技术的集成性是指多媒体将各种媒体有机的组织在一起,共同的表达一个完整的多媒体信息,使声音、文字、画面图像一体化。

(3)交互性

多媒体技术的交互性是指计算机能和人进行对话,以便进行人工干预和控制。交互性是多媒体技术的关键特性。

(4)数字化

数字化是指媒体信息的储存和处理形式。

(5)实时性

多媒体技术是多种媒体组成的技术,在这些媒体中,有些媒体是与时间相关的,这就决定了多媒体技术必须支持实时处理,如果不能保证连续性,就失去了他的应用价值。

5.2 多媒体计算机系统

5.2.1 多媒体计算机系统的构成

多媒体计算机系统是可以综合处理文本、图形、图像、声音等多种媒体信息(包括对多种媒体信息进行采集、存储、加工处理、表现、输出等)的交互式计算机系统,通常又称为多媒体计算机。与普通计算机一样,多媒体计算机系统由硬件系统和软件系统组成。其中硬件系统主要包括计算机主要配置和各种外部设备,以及与各种外部设备连接的控制接口卡,如视频卡、声卡等。软件系统构建于多媒体硬件系统之上,包括多媒体操作系统、多媒体数据处理软件、多媒体创作工具软件和多媒体应用软件等。

5.2.2 多媒体计算机硬件系统

1）多媒体计算机的硬件系统

多媒体计算机硬件系统由计算机传统硬件设备、光盘存储器（CD/DVD-ROM）、音频卡、视频卡、触摸屏、其他多媒体设备（扫描仪、数码相机、投影仪）等选择性组合而成，其基本组成如图5-4所示。

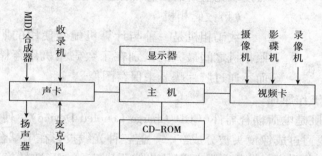

图5-4 多媒体硬件系统构成

2）常用外部设备

多媒体计算机必须配置必要的外部设备来完成多媒体信息获取，常见的有数字化图像获取设备，扫描仪、数码照相机等静态图像获取设备和摄像机等视频图像获取设备。

（1）声卡

声卡是多媒体计算机的主要部件之一，它包含记录和播放声音所需的硬件。声卡是用来处理和播放多媒体声音的关键部件。它通过插入主板扩展槽中与主机相连，并通过卡上的输入/输出接口与相应的输入/输出设备相连（常见的输入设备包括麦克风、收录机和电子乐器等，常见的输出设备包括扬声器和音响设备等）。图5-5是声卡的实物。目前，声卡已得到了广泛的应用，计算机游戏、多媒体教育软件、播放CD音乐或VCD影片、语音识别、网上电话、电视会议等，都离不开声卡。大多数主板都已经集成了声卡，一般不需要另外购买。

（2）视频卡

视频卡通过插入主板扩展槽中与主机相连。视频卡上的输入/输出接口可以与摄像机、影碟机、录像机和电视机等设备相连。视频卡采集来自输入设备的视频信号，并完成由模拟量到数字量的转换、压缩，并将视频信号以数字化形式存入计算机中。数字视频可在计算机中进行播放。视频卡的实物原形如图5-6所示。

图5-5 声卡实物

图5-6 视频卡实物

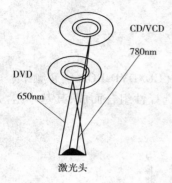

图 5-7　激光头示意

（3）光盘存储器

光盘存储器由 CD-ROM/DVD-ROM 驱动器和光盘片组成。光盘片是一种大容量的存储设备,可存储任何多媒体信息。CD/DVD-ROM 驱动器用来读取光盘上的信息。图 5-7 中是激光头从 CD/VCD 或者 DVD 中读取数据的模拟示意。通过光头的聚焦读取光盘中的信息,传送压缩数据到计算机中处理。

（4）数码相机

数码相机是一种与计算机配套使用的照相机,与普通光学照相机之间最大的区别在于数码相机用存储器保存图像数据,而不通过胶片曝光来保存图像。

①数码相机的工作原理

数码相机的心脏是电荷耦合器件（CCD:Charge Coupled Device）。使用数码照相机拍摄时,来自景物的光线通过成像镜头被分成红、绿、蓝三种光线投影在电耦合器件上,CCD 把光信号转换成电信号,其强度与被摄景象反射的光线强度有关,模/数转换器将连续的电信号转换为离散的数字信号,经 DSP 数字信号处理器运算处理把数字信号转化为图像,再经编码将图像转换成 JPEG 等压缩图片格式文件,储存到存储介质中。在软件支持下,可在屏幕上显示照片,照片可用彩色喷墨打印机或彩色激光打印机输出。

②数码相机的性能指标

a. 分辨率。

分辨率是数码相机最重要的性能指标。数码相机的分辨率标准与显示器类似,使用图像的绝对像素数来衡量。分辨率越高,所拍图像的质量也就越高,在同样的输出质量下可打印的照片尺寸越大。

b. 颜色深度。

这一指标描述数码相机对色彩的分辨能力。目前几乎所有的数码相机的颜色深度都达到了 24 位,可以生成真彩色的图像。

c. 存储介质。

数码相机所用的存储媒体是闪存记忆体,主要有 SmartMedia 卡（SM 卡）、CompactFlash 卡（CF 卡）。

d. 数据输出方式。

数码相机输出接口有串行口、USB 接口或 IEEE-1394 接口。通过这些接口和电缆,就可将数码相机中的影像数据传递到计算机中保存或处理。若相机提供视频接口,可在没有计算机的情况下在电视机上观看照片。

对于数码相机来说,拍完一张照片之后,要将数据记录到内存,不能立即拍摄下一幅照片。因此两张照片之间等待的时间间隔就成了数码相机的另一个重要指标。越是高级的相机,间隔越短,也就是说连续拍摄的能力越强。

③数码相片输入计算机

先用连接线将数码相机与计算机连接起来。例如,有 USB 接口的相机,将随机配带的电缆一端接入相机的输出接口,另一端插入计算机的 USB 接口。数码相机的驱动程序（需要事先安装到计算机上）就会将相机的存储卡视为计算机的一个可移动磁盘，存储卡中的图像会以略图方式显示，如图5-8所示。

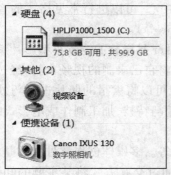

IMG_1199   IMG_1201

图5-8 数码相机连接到计算机

如果想把存储卡上的照片完全移入到计算机而存储卡上不再保存，就可以使用剪切与粘贴命令；假如还要在存储卡上保留照片，则可以用复制与粘贴命令，也可以采用拖放的方法，将照片文件直接从相机的存储卡拖入到计算机中的任一文件夹中。

（5）数码摄像机

数码摄像机的优点是动态拍摄效果好，电池容量大，DV带也可以支持长时间拍摄，拍、采、编、播自成一体，相应的软、硬件支持也十分成熟。目前数码摄像机普遍都带有存储卡，一机两用切换起来也显得很方便。由于数码摄像机使用的小尺寸电荷耦合器件CCD与其镜头的不匹配，在拍摄静止图像时的效果不如数码相机。数码摄像机如图5-9所示。

图5-9 数码摄像机

5.2.3 多媒体计算机软件系统

多媒体计算机软件系统一般包括：硬件驱动和接口程序、多媒体操作系统、多媒体工具软件、多媒体应用软件等。

1）硬件驱动程序和接口程序

硬件驱动程序和接口程序包括声卡、视频卡、显示器等的驱动程序。

2）多媒体操作系统

多媒体操作系统除了一般操作系统具有的功能外，应具有多媒体设备驱动能力、多媒体信息（图片、音频、视频、动画等）播放能力、简单多媒体处理能力。目前流行的桌面操作系统（如WindowsXP、Windows Vista、Windows 7、Linux系列等）都具有多媒体设备驱动、多媒体播放、多媒体简单处理的能力。

Windows操作系统的多媒体工具有：录音机、画图板、媒体播放器（Windows Media Player，简称WMP）、影片编辑器（Windows Movie Maker，简称WMM）等。

（1）录音机。简单的音频录音机，只能录制不超过60s的音频。该录音机录的是通过麦克风、线路输入、CD播放或电脑能播放出来的声音，如动画、电影的声音、网络音视频聊天声音等。

（2）画图（MSPaint）。Windows附件中集成的画图板，可以进行简单的单层、真彩色（24

位)图像编辑软件。有简单的绘图工具(各种线条、图形、取色、着色、RGB 调色板、橡皮擦、文字等),能胜任简单的图像绘制。

(3)媒体播放器(WMP)。Windows 媒体播放中心,可以进行常见格式的音频、视频文件播放。也可以联网播放 MS 的流媒体文件(asf、wmv 等)。

(4)影片编辑器(WMM)。Windows Movie Maker 是微软的一款小型影片编辑器软件,需要先到官方网站下载安装后才能使用。该软件能将自己录制的视频素材,经过剪辑、配音等编辑加工,制作成富有艺术魅力的个人电影;它也可以将大量的照片进行巧妙的编排,配上背景音乐,还可以加上自己录制的解说词和一些精巧特技,加工制作成电影式的电子相册。

3)多媒体常用工具软件

多媒体工具软件主要有创作软件和应用软件等。多媒体创作软件指的是根据用户脚本要求能将各种媒体集成到一起,创作出能使用户通过交互方式将某主题的知识作品以多种方式展现出来,使作品生动活泼。这类的软件有许多,常见的有网页设计软件 FrontPage、Dreamvawer 等;作品创作软件 Authorware、Director、ZineMaker 等;动画制作软件 Flash、3Dmax 等。

多媒体应用软件常见的有:图片播放、处理(缩放、旋转、格式转换等);音频播放、视频动画播放等软件。如 Windows 操作系统的图片播放器、WMP(Windows Media Player)音频、视频播放器等。

(1)音乐制作

除了 Windows 的"录音机"可以录制声音、抓取音乐外,还可以利用美国 Cake Walk 软件公司的 Cake Walk Pro 软件进行音乐处理。其主要功能有:

①音乐的播放、录音及相关控制;

②以五线谱形式创作或复制音乐,生成 wrk 或 MIDI 音乐文件;

③使用模拟钢琴进行演奏并自动记录、生成 MIDI 文件。

(2)图形图像制作

①图像编辑

图像编辑主要用于创建和修改位图文件。位图文件中,图像由成千上万个像素点组成,就像计算机屏幕显示的图像一样。目前较流行的软件有 Adobe Photoshop、Corel Photo 等。

②绘图程序

绘图程序主要用于修改矢量图形、图像。应用在创作杂志、书籍等出版物上的艺术线图以及工程的三维模型。常用的有 Adobe Illustrator、CorelDRAW 等。

(3)动画制作

在中国市场,二维动画当数 Adobe Flash,三维动画软件中,简单的有 Light Wave 和 3ds max,具有专业水平的有 Maya、Softimage 和 Hunidi。由于 3ds max 是最早面市的基于个人计算机的三维动画软件,在中国拥有大量固定用户,也有很多人为其开发插件,并且该软件对系统要求不高,所以很多人用它进行游戏开发和各种设计。

(4)视频影像处理

Adobe Premiere 是众多影视处理软件中最具代表性的软件,它不仅能录制视频信号,还能对影像进行过滤、解析、擦除、精确定位以及数字化处理。

（5）图文制作

Authorware 是一套多媒体制作软件,如果与 3ds max、Photoshop 等软件搭配来制作多媒体产品,将会使制作的作品达到非常好的效果。Authorware 所具有的高效的多媒体管理机制和丰富的交互方式,尤其适合制作多媒体辅助教学课件。

5.3　多媒体技术的关键技术

5.3.1　数据压缩与编码

数据量大是多媒体的一个基本特性。例如,一幅具有中等分辨率(640×480)的 24 位真彩色数字视频图像的数据量大约在 1MB(兆字节)/帧,如果每秒播放 25 帧图像,将需要 25MB 的硬盘空间。对于音频信号,若取样频率采用 44.1kHz(千赫兹),每个采样点量化为 16 位二进制数,1 分钟的录音产生的文件将占用 10MB 的硬盘空间。由此可见,若不进行压缩处理,计算机系统几乎无法对它们进行存储和交换处理。另一方面,图像、声音的压缩潜力很大。例如在视频图像中,各帧图像之间有着相同的部分,因此数据的冗余度很大,压缩时原则上可以只存储相邻帧之间的差异部分。

数据压缩是通过编码技术来降低数据存储时所需的空间,当需要使用时,再进行解压缩。数据压缩是取消或减少冗余数据的过程,而编码是用代码替换文字、符号或数据的过程。数据压缩的目的就是要降低多媒体数据对存储器容量和传输带宽的要求,减少宝贵资源的消耗。衡量数据压缩技术的好坏有四个重要的指标:

（1）压缩比:即压缩前后所需的信息存储之比要大。

（2）恢复效果:即要尽可能恢复到原始数据。

（3）速度:即压缩、解压缩的速度,尤其解压缩速度更为重要,因为解压缩是实时的。

（4）开销:实现压缩的软、硬件开销要小。

根据对压缩后的数据经解压缩后是否能准确地恢复压缩前的数据来分类,可将其分成无损压缩和有损压缩两类。

1）两种类型的压缩方式

数据压缩技术可分为无损压缩(lossless compression)和有损压缩(lossy compression)两类。

（1）无损压缩

无损压缩是用压缩后的数据进行重构(也称还原或解压缩),重构后的数据与原来的数据完全相同的数据压缩技术。无损压缩用于要求重构的数据与原始数据完全一致的应用,如磁盘文件压缩就是一个应用实例。根据当前的技术水平,无损压缩算法可把普通文件的数据压缩到原来的 $1/4 \sim 1/2$。常用的无损压缩算法包括哈夫曼编码和 LZW 等算法。

（2）有损压缩

有损压缩是用压缩后的数据进行重构,重构后的数据与原来的数据有所不同,但不影响人对原始资料表达的信息造成误解的数据压缩技术。有损压缩适用于重构数据不一定非要和原始数据完全相同的应用。例如,图像、视像和声音数据就可采用有损压缩,因为它们包含的数据往往多于我们的视觉系统和听觉系统所能感受的信息,丢掉一些数据而不至于对图像、视像或声音所表达的意思产生误解。

2) 三种类型的编码

在数据压缩技术中,编码技术可分成三种类型:熵编码、源编码和混合编码。

(1) 熵编码

不考虑数据源的无损数据压缩技术。它把待编码的数据看成是不具媒体特性的"纯数据",不论数据代表的是文字、声音、图像还是视像,都把数据当作"符号"对待。熵编码的核心思想是按照符号出现的概率大小给符号分配长度合适的代码,对常用的符号给它分配长度较短(即位数较少)的代码,对不常用的符号给它分配长度较长(即位数较多)的代码。最常见的熵编码技术是霍夫曼编码和算术编码。

(2) 源编码

考虑数据源特性的数据压缩技术。编码时考虑信号源的特性和信号的内容,因此也称"基于语义的编码(semantic-based coding)"。例如,图像编码考虑相邻像素的值可能完全相同或相近,视像相邻帧之间的变化不大,也可能完全相同。为获得比较大的压缩比,源编码通常采用有损数据编码技术。

(3) 混合编码

通常是指组合源编码和熵编码的数据有损压缩技术。影视、图像和声音媒体几乎都采用这种编码方式,如 JPEG、MPEG-Video 和 MPEG-Audio。

3) 数据压缩编码的国际标准

20 世纪 80 年代,国际标准化组织(ISO)和国际电信联盟(ITU)联合成立了两个专家组:联合图像专家组(Joint Photographic Experts Group, JPEG)和运动图像专家组(Moving Picture Experts Group, MPEG),分别制定了静态和动态图像压缩的工业标准,从 20 世纪 90 年代初陆续公布实施,使得图像编码压缩技术得到了飞快发展。

(1) JPEG 标准

该标准适用于连续色调和多级灰度的静态图像。一般对单色和彩色图像的压缩比通常分别为 10:1 和 15:1。常用于 CD-ROM、彩色图像传真和图文管理。许多 Web 浏览器都将 JPEG 图像作为一种标准文件格式以供欣赏。

比如用 Windows 的"画图"程序以 bmp 格式保存控制面板的界面,文件大小为 747KB,若以 JPEG 方式压缩成扩展名为 .jpg 文件,则文件大小为 59KB,压缩比为 12:1。

(2) MPEG 标准

该标准不仅适用于运动图像,也适用于音频信息,它包括了三部分:MPEG 视频、MPEG 音频、MPEG 系统(视频和音频的同步),其中 MPEG 视频是 MPEG 标准的核心。MPEG 已指定了 MPEG-1、MPEG-2、MPEG-4、MPEG-7 和 MPEG-21 等多种标准。

①MPEG-1 是为有限带宽传输设计的,数据传输率为 1~1.5 Mb/s,平均压缩比为 50:1。可达到一般录像机所要求的质量,常用于 VCD 压缩,一部 120 分钟长的电影可压缩到 1.2 GB 左右。

②MPEG-2 是为高带宽传输设计的,数据传输率为 4~10Mb/s,压缩比高达 200:1。可支持播放高质量的数字式电视,常用于 DVD 压缩。

③MPEG-4 是"甚低速率视听编码"标准,数据传输率小于 64 kb/s。应用在移动多媒体通信、互联网、实时多媒体监控以及其他低数据传输速率的场合。

早期对于 MPEG 格式的文件需要特殊的硬件(如 MPEG 视频卡)进行压缩和解压缩。现在由于计算机速度的加快,已经不需要特殊的硬件进行压缩和解压缩就可以直接播放了。

5.3.2 多媒体信息存储技术

多媒体音频、视频、图形图像等信息虽经过压缩处理,但仍需较大的存储空间,数字化多媒体对存储技术提出了较多的要求,其中之一就是大容量存储技术。多媒体数据中的声音和视频图像都是与时间有关的信息,在很多应用过程中都要进行实时处理(压缩、传输等),而且多媒体数据的查询、编辑、显示等都向多媒体数据的存储技术提出了很高的要求。

信息存储装置大致可以分为磁、光两大阵营。磁记录方式历史悠久,应用也很广泛。多媒体数据类型复杂、信息量大,采用光学方式的记忆装置,因其容量大、可靠性好、存储成本低廉等特点,越来越受世人注目,光存储的历史已经有 20 多年,并成为目前多媒体存储的最重要方式。光存储技术的产品化形式是由光盘驱动器和光盘片组成的光盘驱动系统。驱动器读写头是用半导体激光器和光路系统组成的光头,记录介质采用磁光材料。光存储技术是通过光学的方法读写数据的一种存储技术,其工作原理是,改变一个存储单元的性质,使其性质的变化反映出被存储的数据,识别这种性质的变化,就可以读出存储数据。光存储单元的性质,例如反射率、反射光极化方向等均可以改变,它们对应于存储二进制数据 0(不变)、1(改变),光电检测器能够通过检测出光强和光极性的变化来识别信息。高能量激光束可以聚焦成约 1μm 的光斑,因此光存储技术比其他存储技术具有更高的容量。

5.3.3 多媒体数据库技术

多媒体数据库是一种能够有效定义、存储、管理、检索多媒体信息的数据库系统,它建立在传统数据库技术的基础上,针对多媒体数据的特点和处理要求,进行专门的数据模型定义和技术扩充,形成面向应用的多媒体数据库技术。

因此多媒体数据库除了要处理结构化数据外,还要处理大量非结构化数据,如图形图像、音视频等,为此,多媒体数据库需要解决模式匹配、数据压缩与解压缩、数据浏览、统计、检索与数据对象的表现等问题。

5.3.4 多媒体通信技术

多媒体通信技术是多媒体技术与通信技术的有机结合,突破了计算机、通信、电视等传统产业间相对独立发展的界限,是计算机、通信和电视领域的一次革命。它在计算机的控制下,对多媒体信息进行采集、处理、表示、存储和传输。多媒体通信系统的出现大大缩短了计算机、通信、和电视之间的距离,将计算机的交互性、通信的分布性和电视的真实性完美地结合在一起,向人们提供全新的信息服务。

简单地说,多媒体通信技术就是解决多媒体内容以哪种格式发送后存储空间小、传输容错能力强、传输速度快、耗费资源少的问题。内容的组织主要涉及多媒体的编码存储等技术,内容传输涉及网络通信技术。

多媒体通信中传输的数据种类繁多,如音频、视频、文字等,并且他们具有不同的形式和格式,这就需要一种全新的多媒体数据存储和文件管理技术。比如现在的云存储技术等。

多媒体通信中传输的数据量庞大,需要将多媒体数据压缩处理后再传输,因此涉及压缩编码技术。国际标准化组织(ISO)、国际电工委员会(IEC)、国际电信联盟(ITU)制定了一系列的视频压缩编码标准,比如 H. 261、MPEG-2、MPEG-4 等。

多媒体通信对传输速度和质量的要求高。要求有足够的可靠带宽,高效调度的组网方式,传输的差错时延处理等。

多媒体通信的交互性,提供给我们发展更多增值业务的空间,因此对多媒体通信运营系统提出了更高要求。比如我们在 EPG(Electronic Program Guide,电子节目菜单)中看到的很多可交互性的功能。

5.3.5 虚拟现实技术

虚拟现实,英文名为 Virtual Reality,也被称之为三维虚拟现实和虚拟现实仿真。这一名词是由美国 VPL 公司创建人拉尼尔(Jaron Lanier)在 20 世纪 80 年代初提出的,它是将模拟三维环境、视景系统和仿真系统合三为一,并利用头盔显示器、图形眼镜、数据服、立体声耳机、数据手套及脚踏板等传感装置,把操作者与计算机生成的三维虚拟环境连接在一起,操作者通过传感器与虚拟环境交互作用,可获得视觉、听觉、触觉等多种感知,并按照自己的意愿去改变的虚拟幻境。

利用计算机生成一个逼真的三维虚拟环境,通过自然技能使用传感设备与之相互作用的、一种由计算机生成的高技术模拟系统称为虚拟现实技术。虚拟现实集成了计算机图形技术、计算机仿真技术、人工智能、传感技术、显示技术、网络并行处理等技术的最新发展成果。

虚拟现实技术具备 3 个基本特征:沉浸性、交互性和想象性。沉浸性指用户借助于各类先进的传感器进入虚拟环境之后,由于用户看到的、听到的、感受到的一切内容非常逼真,致使用户相信这一切都是"真实"存在的,且相信自己正处于所感受到的环境中。交互性是指用户进入虚拟环境后,可以通过各类先进的传感器获取逼真的感受,也可以用自然的方式对虚拟世界中的物体进行操作,能得到与真实世界中的相似感受。想象性是指由于虚拟世界的逼真感与实时交互性而使用户产生更为丰富的联想,它是获取沉浸感的一个必要条件。

虚拟现实一般应用在工业仿真制作和工业仿真实验室、城市三维仿真漫游、建筑漫游、古建筑三维复原、院校虚拟现实实验室等,总的来说有演示的需求,就有虚拟现实应用的需求。虚拟互动演示辐射的领域有:城市规划、建筑漫游、房地产销售(数字楼盘)、园林建筑规划、古迹复原、虚拟旅游、产品演示、实训教学、医学模拟、军事模拟、灾震预案、流程模拟、产品装配、模拟驾驶、地下管线、数字科博馆、视景仿真等领域。

5.4 多媒体信息处理基础

多媒体信息处理一般经历这样的过程:把声、文、图像等媒体信号通过模数转换变成为数字信号;借助计算机对数字化后的信号进行存储、加工和处理;对数字化后的音频、视频数据进行压缩,以便于存储与传输;对压缩后的数据解压缩,经过数模转换,把数字信息进行还原。本节将对几种媒体数据的处理过程进行简单介绍。

5.4.1 音频处理

声音是通过空气的震动发出,通常用模拟波的方式表示。振幅反映声音的音量,频率反映了音调。音频是连续变化的模拟信号,而计算机只能处理数字信号,要使计算机能处理音频信号,必须把模拟音频信号转换成用"0"、"1"表示的数字信号,这就是音频的数字化,将模拟的(连续的)声音波形的模拟信号通过音频设备(如声卡)将其数字化(离散化),其中会涉及采样、量化及编码等多种技术。

常用的数字化声音文件类型有:WAV、MIDI、MP3、WMA、CD、RA、AU、DVD Audio 和 VOC 等。

(1)WAV:被称为"无损的音乐",是微软公司开发的一种声音文件格式,用于保存 Windows 平台的音频信息资源,被 Windows 平台及其应用程序所支持。WAV 格式支持 MSAD-PCM、CCITTALAW 等多种压缩算法,支持多种音频位数、采样频率和声道,标准格式的 WAV 文件和 CD 格式一样,也是 44.1K 的采样频率,速率 88K/s,16 位量化位数,可以看出,WAV 格式的声音文件质量和 CD 相差无几,是目前 PC 机上广为流行的声音文件格式,几乎所有的音频编辑软件都能够读取 WAV 格式。

(2)MIDI:MIDI 是 Musical Instrument Digital Interface 的简称,被称为"作曲家的最爱",MIDI 允许数字合成器和其他设备交换数据。MID 文件格式由 MIDI 继承而来。MID 文件并不是一段录制好的声音,而是记录声音的信息,然后告诉声卡如何再现音乐的一组指令。这样一个 MIDI 文件每存 1min 的音乐只用大约 5～10KB。今天,MID 文件主要用于原始乐器作品,流行歌曲的业余表演,游戏音轨以及电子贺卡等。MID 文件重放的效果完全依赖声卡的档次。它的最大用处是在电脑作曲领域。MID 文件可以用作曲软件写出,也可以通过声卡的 MIDI 接口把外接音序器演奏的乐曲输入计算机里,制成 MID 文件。

(3)MP3:当前使用最广泛的数字化声音格式。MP3 是指 MPEG 标准中的音频部分,也就是 MPEG 音频层。根据压缩质量和编码处理的不同分为 3 层,分别对应 *.mp1、*.mp2 和 *.mp3 这 3 种声音文件。MPEG 音频文件的压缩是一种有损压缩,MPEG3 音频编码则具有 12:1～10:1 的高压缩率,它基本保持低音频部分不失真,但是牺牲了声音文件中 12kHz 到 16kHz 高音频这部分的质量来换取文件尺寸的优势。相同长度的音乐文件,用 mp3 格式来储存,一般只有 WAV 文件的 1/10,而音质要次于 WAV 格式的声音文件。由于其文件尺寸小,音质好;所以 mp3 是当前主流的数字化声音保存格式。

(4)WMA:是微软在互联网音频、视频领域的力作。WMA 格式是以减少数据流量但保持音质的方法来达到更高的压缩率目的,其压缩率一般可以达到 1:18。此外,WMA 还可以通过 DRM(数字版权管理)方案加入防止拷贝,或者加入限制播放时间和播放次数,甚至是对播放机器的限制,可有力地防止盗版。目前几乎所有的 MP3 播放器都支持该格式。

(5)CD:是大家熟悉的音乐格式,CD 光碟是使用最广泛的音乐、歌曲存储方式,扩展名为 CDA。由于 CD 存储音频采取了音轨方式,不能直接复制出来,需通过相应软件进行格式转换。如 Windows Media Player 播放器就可将 CD 音轨转换成 WMA 格式的文件。

（6）RA：是由 Real Networks 公司推出的一种文件格式。其最大特点是可以实时传输音频信息，尤其是在网速较慢的情况下，仍然可以较为流畅地传送数据。因此 RA 主要适用于网络上的在线播放。现在的 RA 文件格式主要有 RA（Real Audio）、RM（Real Media，Real Audio G2）、RMX（Real Audio Secured）3 种，这些文件的共同性在于随着网络带宽的不同而改变声音的质量，在保证大多数人听到流畅声音的前提下，令带宽较宽的听众获得较好的音质。

（7）AU：是 Internet 上多媒体声音主要使用的一种文件格式。AU 文件是 Unix 操作系统下的数字声音文件，由于早期 Internet 上的 Web 服务器主要是基于 Unix 的，所以这种文件成为 WWW 上最早使用的标准声音文件。

（8）DVD Audio：是新一代数字音频格式，与 DVD Video 尺寸及容量相同，为音乐格式的 DVD 光碟。其采样频率为"48kHz/96kHz/192kHz"和"44.1kHz/88.2kHz/176.4kHz"可选择，量化位数可以为 16、20 或 24 比特，它们之间可自由地进行组合。

（9）VOC：其格式文件常出现在 DOS 程序和游戏中，它是随声卡一起产生的数字声音文件，与 WAV 文件的结构相似，可以通过一些工具软件方便地互相转换。

5.4.2 图像处理

传统的绘画复制成照片、录像带或印制成印刷品，这样的转化结果称为模拟图像（Image）。它们不能直接用电脑进行处理，还需要进一步转化成用一系列的数据所表示的数字图像。这个进一步转化的过程也就是模拟图像的数字化，通常采用采样的方法来解决。

采样就是计算机按照一定的规律，对模拟图像（Image）的每点所呈现出的表象特性，用数据的方式记录下来的过程。这个过程有两个核心要点：一个是采样要决定在一定的面积内取多少个点，或者叫多少个像素，称为图像的"分辨率（dpi）"。另一个核心要点是记录每个点的特征的数据位数，也就是所谓数据深度。比如记录某个点的亮度用一个字节（8Bit）来表示，那么这个亮度可以有 256 个灰度级差。这 256 个灰度级差分别均匀地分布在由全黑（0）到全白（255）的整个明暗带中。当然每个一定的灰度级将由一定的数值（0~255）来表示。亮度因素是这样记录，色相及其彩度等因素也是如此。显然，无论从平面的取点还是记录数据的深度来讲，采样形成的图像（Image）与模拟图像必然有一定的差距，必然丢掉了一些数据。但这个差距通常控制得相当的小，以至人的肉眼难以分辨，人们可以将数字化图像等同于模拟图像。

常用的数字化图像保存格式包括：BMP、JPEG、GIF、TIFF、WMF 等。

（1）BMP 格式：BMP（Bitmap）是 Windows 操作系统中的标准图像文件格式，能够被多种 Windows 应用程序所支持。这种格式的特点是包含的图像信息较丰富，几乎不进行压缩，但文件占用了较大的存储空间。BMP 格式支持 RGB、索引颜色、灰度和位图颜色模式，但不支持 Alpha 通道。基本上绝大多数图像处理软件都支持此格式。

（2）JPEG 格式：JPEG 是由联合照片专家组（Joint Photographic Experts Group）开发的。既是一种文件格式，又是一种压缩技术。JPEG 作为一种很灵活的格式，具有调节图像质量的功能，允许用不同的压缩比例对这种文件压缩。作为先进的压缩技术，它用有损压缩方式去除冗余的图像和彩色数据，在获取极高的压缩率的同时能展现十分丰富生动的图像。

JPEG 应用非常广泛,大多数图像处理软件均支持此格式。

(3)GIF 文件格式:GIF(Graphics Interchange Format)是 CompuServe 公司开发的图像文件格式。采用了压缩存储技术。GIF 格式同时支持线图、灰度和索引图像,但最多支持 256 种色彩的图像。GIF 格式的特点是压缩比高,磁盘空间占用较少、下载速度快、可以存储简单的动画。由于 GIF 图像格式采用了渐显方式,即在图像传输过程中,用户先看到图像的大致轮廓,然后随着传输过程的继续而逐步看清图像中的细节。

(4)TIFF(Tagged Image File Format):文件体积庞大,但存储信息量也巨大,细微层次的信息较多。该格式有压缩和非压缩两种形式,最高支持的色彩数 $2^{24}=16M$ 色。常用于扫描仪的图形输出。

(5)WMF(Windows Metafile Format):Microsoft Windows 剪贴画矢量图形格式,具有文件短小、图案造型化的特点。可以在 Microsoft Office 中调用编辑。

5.4.3 视频处理

模拟视频的数字化过程首先需要通过采样将模拟视频的内容进行分解,得到每个像素点的色彩组成,然后采用固定采样率进行采样,并将色彩描述转换成 RGB 颜色模式,生成数字化视频。数字化视频和传统视频相同,由帧(Frame)的连续播放产生视频连续的效果,在大多数数字化视频格式中,播放速度为每秒钟 24 帧(24fps)。

数字化视频的数据量巨大,通常采用特定的压缩算法对数据进行压缩,根据压缩算法的不同,保存数字化视频的常用格式包括:AVI、MPEG/MPG/DAT、RM、ASF、WMV 等。

(1)AVI(Audio Video Interleave):AVI 是由微软公司开发的一种数字音频与视频文件格式。最早仅仅用于微软的 Windows 视频操作环境(VFW,Microsoft Video for Windows),现在已被大多数操作系统直接支持。AVI 格式允许视频和音频交错在一起同步播放,但 AVI 文件没有限定压缩标准,由此就造成了同是 AVI 类型名的视频文件不具有兼容性,须使用相应的解压缩算法才能将其播放出来。

(2)MPEG/MPG/DAT:VCD 光盘压缩就是采用 MPEG 这种文件格式。就是 Moving Pictures Experts Group(动态图像专家组)的缩写,由国际标准化组织 ISO(International Standards Organization)与 IEC(International Electronic Committee)于 1988 年联合成立,专门致力于运动图像(MPEG 视频)及其伴音编码(MPEG 音频)标准化工作。MPEG 是运动图像压缩算法的国际标准,现已被几乎所有的计算机平台共同支持。MPEG 采用有损压缩方法减少运动图像中的冗余信息从而达到高压缩比的目的,当然这些是在保证影像质量的基础上进行的。MPEG 压缩标准是针对运动图像而设计的,其基本方法是:在单位时间内采集并保存第一帧信息,然后只存储其余帧相对第一帧发生变化的部分,从而达到压缩的目的。MPEG 的平均压缩比为 50∶1,最高可达 200∶1,同时图像和音响的质量也非常好,并且在微机上有统一的标准格式。

(3)RM(Real Media)格式:RM 格式是 RealNetworks 公司开发的一种新型流式视频文件格式,其下有 3 种流格式:RA(Real Audio)、RM(Real Video)和 RF(Real Flash)。RA 格式用来传输接近 CD 音质的音频数据,RM 格式用来传输连续视频数据,而 RF 格式则是 RealNetworks 公司与 Macromedia 公司新近合作推出的一种高压缩比的动画格式。RealMedia 可以根据网络数据传输速率的不同制定了不同的压缩比率,由 RM 演变而来的 RMVB 格式为适应网络传输的变速率格式,从而实现在低速率的 Internet 上进行影像数据的实时传送和实时播放。

（4）ASF（Advanced Streaming Format）格式:Microsoft 公司推出的 Advanced Streaming Format（ASF,高级流格式）,也是一个在 Internet 上实时传播多媒体的技术标准,Microsoft 公司试图用 ASF 取代 QuickTime 之类的技术标准。ASF 的主要优点包括:本地或网络回放、可扩充的媒体类型、部件下载以及扩展性等。

（5）WMV（Windows Media Video）格式:WMV 格式是在 Microsoft 公司 Windows Media 核心的 ASF 格式上升级延伸而来的。它是一种数据格式,音频、视频、图像以及控制命令脚本等多媒体信息通过这种格式以网络数据包的形式传输,实现流式多媒体内容发布。WMV 最大优点就是体积小,具有播放认证控制,因此适合网络传输。

习　题　5

一、单项选择题

1. 音频与视频信息在计算机内是以（　　）表示的。
   A. 模拟信息　　　　　　　　　　　B. 数字信息
   C. 模拟信息或数字信息　　　　　　D. 某种转换公式
2. 下列不属于多媒体技术中媒体范围的是（　　）。
   A. 存储信息的实体　　　　　　　　B. 信息的载体
   C. 文本　　　　　　　　　　　　　D. 图像
3. 多媒体计算机系统的两大组成部分是（　　）。
   A. 多媒体功能卡和多媒体主机
   B. 多媒体通信软件和多媒体开发工具
   C. 多媒体输入设备和多媒体输出设备
   D. 多媒体计算机硬件系统和多媒体计算机软件系统
4. 多媒体数据具有（　　）的特点。
   A. 数据量大和数据类型多
   B. 数据类型间区别大和数据类型少
   C. 数据量大、数据类型多、数据类型间区别小、输入和输出不复杂
   D. 数据量大、数据类型多、数据类型间区别大、输入和输出复杂
5. 图像的主要指标为（　　）。
   A. 大小、像素　　　　　　　　　　B. 分辨率、色彩数、灰度
   C. 明亮度、分辨率　　　　　　　　D. 色彩数、像素、分辨率
6. （　　）解压缩以后得到的数据与原始数据完全一样。
   A. 有损压缩　　　B. 无损压缩　　　C. 失真编码方法　　　D. 视频压缩

二、填空题

1. 多媒体计算机的定义是_____。

2. 目前常见的媒体元素主要有文本、_____、_____、_____、_____ 和 _____等。

3. 多媒体数据具有_____、数据类型多、_____、_____的特点。

4. 数据压缩分为两种类型，一种叫作_____，另一种叫作_____。

5. _____是一套多媒体制作软件，尤其适合制作多媒体辅助教学课件。

三、简答题

1. 简述计算机技术领域中媒体的含义。

2. 简述多媒体技术的概念。

3. 简述图形与图像的概念和特点。

4. 简述多媒体数据的特点。

5. 简述有损压缩和无损压缩的概念和特点。

6. 什么叫虚拟现实？其特性是什么？

7. 什么叫多媒体创作软件？列举几个例子说明。

8. 什么叫多媒体应用软件？列举几个例子说明。

第6章 计算机信息系统安全基础

计算机技术的不断发展,尤其是 Internet 在社会各领域的广泛应用,促进了社会的进步和繁荣。但是,随着计算机在国家机关、军事、经济、金融等社会各领域的广泛使用,大量机密数据资料已从保密柜转移到计算机系统的数据库中,传输在各种通信线路上。由于计算机自身的脆弱性、人为的恶意攻击,以及各种自然灾害的影响,已经给人类社会带来了一次次的灾难。如何安全地使用计算机,预防和打击计算机犯罪,在普及计算机知识和应用的今天,已成为十分紧迫的任务。在当前信息化、网络化的知识经济时代,与传统的计算机安全主要着眼于单个计算机,主要强调计算机病毒对于计算机运行和信息安全的危害不同,计算机安全也需要研究网络安全方面的相关技术。

6.1 计算机信息系统安全的范畴

国务院于 1994 年 2 月 18 日发布的《中华人民共和国计算机信息系统安全保护条例》第一章第三条对计算机信息系统安全保护的定义是:计算机信息系统的安全保护,应当保障计算机及其相关的配套设备、设施(含网络)的安全,运行环境的安全,保障信息的安全,保障计算机功能的正常发挥,以维护计算机信息系统的安全运行。

计算机信息系统安全应包括实体安全、运行安全、信息安全和网络安全。

6.1.1 实体安全

在计算机信息系统中,计算机及其相关的设备、设施(含网络)统称为计算机信息系统的实体。实体安全是整个计算机信息系统安全的前提,是指计算机信息系统设备、相关设施(含网络)及其他媒体免遭地震、水灾、火灾、有害气体和其他环境事故(如电磁污染等)破坏,保证其安全、正常地运行。主要包括以下 3 个方面:环境安全、设备安全和媒体安全。

1)环境安全

指计算机信息系统的相关设施所放置的机房的地理位置、气候条件、污染状况以及电磁干扰等对实体的影响。

2)设备安全

指计算机信息系统的设备及相关设施的防盗、防毁及抗电磁干扰、静电保护、电源保护等方面。

3)媒体安全

指对存储有数据的媒体进行安全保护。媒体主要有:纸介质、磁介质(硬盘、磁带)、半导体介质的存储器及光盘。媒体是信息与数据的载体,媒体损坏、被盗或丢失,最大的损失不是媒体本身,而是其中存储的数据。

6.1.2　运行安全

计算机信息系统的运行安全包括系统风险分析、审计跟踪、备份与恢复、应急 4 个方面。运行安全是计算机信息系统安全的重要环节,是为保障系统功能的安全实现,并提供一套安全措施来保护信息处理过程的安全,其目标是保证系统连续正常地运行,避免因为系统的崩溃和损坏而对系统存储、处理和传输的信息造成破坏和损失。

系统风险分析是指为了使计算机信息系统安全地运行,应了解影响计算机信息系统安全运行的诸多因素和存在的风险,以便进行风险分析,找出克服这些风险的方法。审计跟踪是利用计算机信息系统所提供的审计跟踪工具,对计算机信息系统的工作过程进行详尽的跟踪记录,同时保存好审计记录和审计日志,并从中发现问题,及时解决问题,保障计算机信息系统安全可靠地运行;备份恢复与应急措施是指根据信息系统的功能特点和灾难特点制订包括应急反应、备份操作、恢复措施三方面的应急计划,一旦灾难发生,可按计划方案以较快的速度最大程度地恢复系统的正常运行。

影响运行安全的因素主要有:工作人员的误操作、硬件故障、软件故障、计算机病毒、黑客攻击和恶意破坏等。

6.1.3　信息安全

信息作为一种资源,它的普遍性、共享性、增值性、可处理性和多效用性,使其对于人类具有特别重要的意义。信息安全的实质就是要保护信息系统或信息网络中的信息资源免受各种类型的威胁、干扰和破坏,即保证信息的安全性。根据国际标准化组织的定义,信息安全性的含义主要是指信息的可用性、保密性、完整性。可用性(Availability)是指信息和系统资源可被授权实体访问并按需求使用的特性,即无论何时,信息与系统资源者是可用的,能够保障合法用户有效地访问。保密性(Confidentiality)指信息不泄露给非授权的用户、实体或过程,或供其利用的特性,即防止信息泄漏给非授权用户或实体,只有授权用户才能访问保密或限制性信息的特性。完整性(Integrity)指信息未经授权不能进行改变的特性,即信息在存储或传输过程中保持不被偶然或恶意地删除、修改、伪造等破坏或丢失的特点。

信息安全本身包括的范围很大,其中包括如何防范商业企业机密泄露、防范青少年对不良信息的浏览、个人信息的泄露等。网络环境下的信息安全体系是保证信息安全的关键,包括计算机安全操作系统、各种安全协议、安全机制(数字签名、消息认证、数据加密等),直至安全系统等。信息安全是任何国家、政府、部门、行业都必须十分重视的问题,是一个不容忽视的国家安全战略。

6.1.4　网络安全

以 Internet 为代表的现代网络技术是从 20 世纪 60 年代美国国防部的 ARPAnet 演变发展而成的,它的大发展始于 20 世纪 80 年代末 90 年代初。从全球范围看,计算机网络的发展几乎是在无组织的自由状态下进行的,到目前,全世界还没有一部完善的法律和管理体系对网络的发展加以规范和引导,网络自然成了一些犯罪分子"大显身手"的理想空间。

以 Internet 为例,它自身的结构和它方便信息交流的构建初衷,决定了其必然具有脆弱的一面。当初构建计算机网络的目的,是要实现将信息通过网络从一台计算机传到另一台计算机上,而信息在传输过程中可能要通过多个网络设备,从这些网络设备上都能不同程度地截获信息的内容。这样,网络本身的松散结构就加大了对它进行有效管理的难度,从而给了黑客可乘之机。

从计算机技术的角度来看,网络是一个软件与硬件的结合体,而从目前的网络应用情况来看,每个网络上都或多或少地有一些自行开发的应用软件在运行,这些软件由于自身不完备或是开发工具不很成熟,在运行中很有可能导致网络服务不正常或瘫痪。网络还拥有较为复杂的设备和协议,保证复杂的系统没有缺陷和漏洞是不可能的。同时,网络的地域分布使安全管理难于顾及网络连接的各个角落,因此没有人能证明网络是安全的。

网络安全是指保护网络的硬件、软件及其系统中的数据,不因偶然或恶意的攻击而遭到破坏、更改、泄露,保障系统连续可靠正常地运行,网络服务不中断。从广义来说,凡是涉及网络信息的保密性、完整性、可用性、抗抵赖性、可控性等相关的技术和理论者都是网络安全所要研究的领域。计算机网络面临诸如窃听、非法访问、篡改、删除、行为否认、拒绝服务、病毒等多方面的威胁,因此如何有效地保护重要的信息数据,提高计算机网络的安全性已经成为网络应用必须考虑和解决的一个重要问题。

6.2　计算机信息系统的脆弱性

计算机信息系统面临着来自人为和自然的种种威胁,而且计算机信息系统本身也存在着一些脆弱性,这些脆弱性一旦被黑客或犯罪分子利用而发动攻击,将会带来巨大损失。

6.2.1　硬件系统的脆弱性

硬件系统的脆弱性表现在以下几个方面:

(1)计算机信息系统的硬件均需要提供满足要求的电源才能正常工作,一旦切断电源,哪怕是极其短暂的一刻,计算机信息系统的工作也会被间断。

(2)计算机是利用电信号对数据进行运算和处理。因此,环境中的电磁干扰能引起处理错误,得出错误的结论,并且所产生的电磁辐射会产生信息泄露。

(3)电路板焊点过分密集,极易产生短路而烧毁器件。接插部件多,接触不良的故障时有发生。

(4)体积小、重量轻、物理强度差,极易被偷盗或毁坏。

(5)电路高度复杂,设计缺陷在所难免,加上有些不怀好意的制造商还故意留有"后门"。

6.2.2　软件系统的脆弱性

1)操作系统的脆弱性

任何应用软件均是在操作系统的支持下执行的,操作系统的不安全是计算机信息系统不安全的重要原因。操作系统的脆弱性表现在以下几个方面:

（1）操作系统的程序可以动态链接。这种方式虽然为软件开发商进行版本升级时提供了方便，但"黑客"也可以利用此法攻击系统或链接计算机病毒程序。

（2）操作系统支持网上远程加载程序，这为实施远程攻击提供了技术支持。

（3）操作系统通常提供 DEMO 软件，这种软件在 UNIX、WINDOWS NT 操作系统上与其他系统核心软件具有同等的权力。借此摧毁操作系统十分便捷。

（4）系统提供了 Debug 与 Wizard，它们可以将执行程序进行反汇编，方便地追踪执行过程。掌握好了这两项技术，几乎可以搞"黑客"的所有事情。

（5）操作系统的设计缺陷。"黑客"正是利用这些缺陷对操作系统进行致命攻击。

2）数据库管理系统的脆弱性

数据库管理系统中核心是数据。存储数据的媒体决定了它易于修改、删除和替代。开发数据库管理系统的基本出发点是为了共享数据，而这又带来了访问控制中的不安全因素，在对数据进行访问时一般采用的是密码或身份验证机制，这些很容易被盗窃、破译或冒充。

6.2.3 计算机网络的脆弱性

ISO 7498 网络协议形成时，基本上没有顾及安全的问题，只是后来才加进了 5 种安全服务和 8 种安全机制。国际互联网中的 TCP/IP 同样存在类似的问题。首先，IP 协议对来自物理层的数据包没有进行发送顺序和内容正确与否的确认。其次，TCP 通常总是默认数据包的源地址是有效的，这给冒名顶替带来了机会；与 TCP 位于同一层的 UDP 对包顺序的错误也不作修改，对丢失包也不重传，因此极易受到欺骗。

6.2.4 存储系统的脆弱性

存储系统分为内存和外存。内存分为 RAM 和 ROM；外存有硬盘、软 盘、磁带和光盘等。它们的脆弱性表现在如下几个方面：

（1）RAM 中存放的信息一旦掉电即刻丢失，并且易于在内嵌入病毒代码。

（2）硬盘构成复杂。既有动力装置，也有电子电路及磁介质，任何一部分出现故障均导致硬盘不能使用，丢失其内大量软件和数据。

（3）软盘及磁带易损坏。它们的长期保存对环境要求高，保存不妥，便会发生霉变现象，导致数据不能读出。此外，盘片极易遭到物理损伤（折叠、划痕、破碎等），从而丢失其内程序和数据。

（4）光盘盘片没有附在一起的保护封套，在进行数据读取和取放的过程中容易因摩擦而产生划痕，引起读取数据失败。此外，盘片在物理上脆性较大，易破碎而损坏，导致全盘上的数据丢失。

（5）各种信息存储媒体的存储密度高，体积小，且重量轻，一旦被盗窃或损坏，损失巨大。

（6）存储在各媒体中的数据均有可访问性，数据信息很容易地被拷贝而不留任何痕迹。一台远程终端上的用户，可以通过计算机网络连接到你的计算机上，利用一些技术手段，访问到你系统中的所有数据，并按其目的进行拷贝、删除和破坏。

6.2.5 信息传输中的脆弱性

信息传输中的脆弱性表现在以下几个方面：

（1）信息传输所用的通信线路易遭破坏。

通信线路从铺设方式上分为架空明线和地埋线缆两种,其中架空明线更易遭到破坏。一些不法分子,为了贪图钱财,割掉通信线缆作为废金属卖掉,造成信息传输中断。自然灾害也易造成架空线缆的损坏,如大风、雷电、地震等。地埋线缆的损坏,主要来自人为的因素,各种工程在进行地基处理、深挖沟池、地质钻探等施工时,易损坏其下埋设的通信线缆。当然,发生塌方、泥石流等地质灾害时,其间的地埋线缆也定会遭到破坏。

（2）线路电磁辐射引起信息泄漏。

市话线路、长途架空明线以及短波、超短波、微波和卫星等无线通信设备都具有相当强的电磁辐射,可通过接收这些电磁辐射来截获信息。

（3）架空明线易于直接搭线侦听。

（4）无线信道易遭到电子干扰。

无线通信是以大气为信息传输媒体,发射信息时,都将其调制到规定的频率上,当另有一发射机发射相同或相近频率的电磁波时,两个信号进行了叠加,使接收方无法正确接收信息。

正是计算机信息系统存在着诸多的脆弱性,导致了安全防护的难度。下面主要讲解计算机病毒与防范、防火墙等安全防范技术。

6.3　计算机病毒与防范

几乎所有上网用户都经历过在网上"冲浪"的喜悦和欢快,但同时也经受过"病毒"袭扰的痛苦和烦恼;刚才还好端端的机器突然"瘫痪"了;好不容易在键盘上敲打了几个小时输入的文稿顷刻之间没有了;程序正运行在关键时刻,系统莫名其妙地重新启动。所有这些意想不到的恶作剧,究竟谁是罪魁祸首?

1985年世界上首次出现了以软盘传播为主的计算机病毒,1989年起计算机病毒开始在我国出现并广泛传播。由于计算机系统自身的脆弱性,无论是硬件系统还是软件系统,关键部位稍受损伤就会使得整台计算机瘫痪。因此计算机病毒为何物、从何而来、有何危害、怎样防治等,已成为每个计算机用户所必须了解和掌握的基本知识。防治病毒的传播、消除病毒、保护计算机系统的安全可靠是每个用户长期面临的共同问题。

6.3.1　计算机病毒的定义及特点

计算机病毒指的是具有破坏作用的程序或一组计算机指令。诸如恶意代码、蠕虫、木马等均可称为计算机病毒。在《中华人民共和国计算机信息系统安全保护条例》中的定义是:"计算机病毒是指编制或者在计算机程序中插入的破坏计算机功能或者数据,影响计算机使用并且能够自我复制的一组计算机指令或者程序代码。"

计算机病毒虽然也是一种计算机程序,但它与普通程序相比,具有以下几个主要的特点:

1）传染性

计算机病毒是一段人为编制的计算机程序代码,这段代码一旦进入计算机并得以执行,它会搜寻其他符合其传染条件的程序或存储介质,确定目标后再将自身代码插入其中,达到自我复制的目的。可以说,计算机病毒是通过自身复制来感染正常文件,达到破坏电脑正常运行的目的,但是它的感染是有条件的,也就是病毒程序必须被执行之后才具有传染性,才能感染其他文件。它通过各种可能的渠道,如 U 盘、移动硬盘、计算机网络去传染其他的计算机。是否具有传染性是判别一个程序是否为计算机病毒的最重要条件。

2)破坏性

任何计算机病毒侵入计算机后,都会或大或小地对计算机的正常使用造成一定的影响,轻者降低计算机的性能,占用系统资源,重者破坏数据导致系统崩溃,甚至损坏硬件。根据破坏性的程度不同可分良性病毒和恶性病毒。

3)潜伏性

一般计算机病毒在感染文件后并不是立即发作,而是隐藏在系统中,只有在满足特定条件时才会启动其破坏模块而激活。如著名的"黑色星期五"只有到 13 日的星期五时才会发作,而 CIH 病毒也只是在 4 月 26 日才会发作。计算机病毒一般都不易被人察觉,它们将自身附加在其他可执行的程序体内,或者隐藏在磁盘中隐蔽处,有些病毒还会将自己改名为系统文件名,不通过专门的查杀毒软件一般很难发现它们。

4)可触发性

计算机病毒如果没有被激活,它就像其他没执行的程序一样,不起任何作用,没有传染性,也不具有杀伤力,但是一旦遇到某个特定的文件,它就会被触发,具有传染性和破坏力,对系统产生破坏作用。这些特定的触发条件一般都是病毒制造者设定的,它可能是时间、日期、文件类型或某些特定数据等。

6.3.2　计算机病毒的起源及其发展

1977 年,托马斯・丁・瑞安在他的一部科幻小说中幻想了世界上第一个计算机病毒。几年之后,美国的计算机安全专家弗雷德・科恩首次成功地进行了计算机病毒实验。美国是最早发现真实计算机病毒的国家,在 20 世纪 80 年代末的短短几年间,计算机病毒很快就蔓延到了世界各地。计算机病毒的来源众说纷纭,有恶作剧起源说、报复起源说、软件保护起源说等。计算机病毒从出现到现在,经历了以下几个发展阶段:

1)DOS 时代

DOS 是 PC 机上最早最流行的一个操作系统。DOS 操作系统的安全性较差,易受到病毒的攻击,在这个时代里病毒的数量和种类都很多,按其传染的方式分为:系统引导型、外壳型及复合型。系统引导型病毒是在 DOS 引导时装入内存,获得对系统的控制权,对外传播。外壳型病毒包围在可执行文件的周围,执行文件时,病毒代码首先被执行,进入系统中再传染,这类病毒一般来说要增加文件的长度。复合型病毒具有系统引导型和外壳型病毒的特征。

2)Windows 时代

微软的 Windows 95 操作系统一经推出后,受到了用户的极大欢迎,以前的 DOS 用户纷纷加入了 Windows 的行列,从此宣布 PC 机操作系统进入了 Windows 时代。由于 Windows 文件的运行机制与 DOS 大相径庭,使得遭到 DOS 病毒感染的程序无法运行,从而失去了进一步传染逐渐消声匿迹。Windows 时代的病毒主要有两种类型：一种是按传统的思路根据 Windows 可执行文件的结构重新改写传染模块的病毒，其典型当属台湾陈氏编写的 CIH 病毒；另一种是利用 Office 系统中提供的宏语言编写的宏病毒。

3）Internet 时代

Internet 上的病毒大多是 Windows 时代宏病毒的延续，它们往往利用强大的宏语言读取 E-mail 软件的地址簿，并将自己作为附件发送到地址簿的那些 E-mail 地址，从而实现病毒的网上传播。这种传播方式极快，感染的用户成几何级数增加，其危害是以前任何一种病毒无法比拟的，如美丽杀手、爱虫等，它们在全球造成的损失均达到百亿美元。

6.3.3 计算机病毒的类型

自从计算机病毒第一次出现以来，在病毒编写者和反病毒软件作者之间就存在着一个连续的竞争赛跑。当对已经存在的病毒开发了有效的对策时，新的病毒又开发出来了。

在 Internet 普及以前，病毒攻击的主要对象是单机环境下的计算机系统，一般通过软盘或光盘来传播，病毒程序大都寄生在文件内，这种传统的单机病毒现在仍然存在并威胁着计算机系统的安全。随着网络的出现和 Internet 的迅速普及，计算机病毒也呈现出新的特点，在网络环境下病毒主要通过计算机网络来传播。因此，病毒可分为传统单机病毒和现代网络病毒两大类。

1）传统单机病毒：根据病毒寄生方式的不同，可将传统单机病毒分为以下 4 种主要类型。

（1）引导型病毒

引导型病毒就是用病毒的全部或部分逻辑取代正常的引导扇区的内容，而将正常的引导记录隐藏在磁盘的其他地方，这样只要系统启动，病毒就获得了控制权。例如"大麻"病毒和"小球"病毒。

（2）文件型病毒

文件型病毒一般感染可执行文件（.exe，.com 和 .ovl 文件），病毒寄生在可执行程序体内，只要程序被执行，病毒也就被激活。病毒程序会首先被执行，并将自身驻留在内存，然后设置触发条件，进行传染。

例如"CIH 病毒"，该病毒主要感染 Windows 95/98 下的可执行文件，病毒会破坏计算机硬盘和改写计算机基本输入/输出系统（BIOS），导致系统主板的破坏。CIH 病毒已有很多的变种。

（3）宏病毒

宏病毒是一种寄生于文档或模板宏中的计算机病毒，一旦打开带有宏病毒的文档，病毒就会被激活，驻留在 Normal 模板上，所有自动保存的文档都会感染上这种宏病毒。如果其他用户打开了感染宏病毒的文档，病毒就会转移到其他计算机上。凡是具有写宏能力的软件都有可能感染宏病毒，如 Word 和 Excel 等 Office 软件。

例如"TaiwanNO.1"宏病毒，病毒发作时会出一道连计算机都难以计算的数学乘法题目，并要求输入正确答案，一旦答错，则立即自动开启 20 个文件，并继续出下一道题目，一直到耗尽系统资源为止。

（4）混合型病毒

混合型病毒就是既感染可执行文件又感染磁盘引导记录的病毒，只要中毒，一开机病毒就会发作，然后通过可执行程序感染其他的程序文件。兼有文件型病毒和引导型病毒的特点，所以它的破坏性更大，传染的机会也更多。

2）现代网络病毒：根据网络病毒破坏机制的不同，一般将其分为以下两大类。

（1）蠕虫病毒

1988 年 11 月，美国康奈尔大学的学生 Robert Morris（罗伯特·莫里斯）编写的"莫里斯蠕虫"病毒蔓延，造成了数千台计算机停机，蠕虫病毒开始现身于网络。蠕虫病毒以计算机为载体，以网络为攻击对象，利用网络的通信功能将自身不断地从一个结点发送到另一个结点，并能够自动地启动病毒程序，这样不仅消耗了大量本机资源，而且大量占用了网络的带宽，导致网络堵塞，最终造成整个网络系统瘫痪。

例如"冲击波（Worm. MSBlast）"，该病毒利用 Windows 远程过程调用协议（Remote Process Call，RPC）中存在的系统漏洞，向远端系统上的 RPC 系统服务所监听的端口发送攻击代码，从而达到传播的目的。感染该病毒的机器会莫名其妙地死机或重新启动计算机，IE 浏览器不能正常地打开链接，不能进行复制粘贴操作，有时还会出现应用程序异常（如 Word 无法正常使用），上网速度变慢，在任务管理器中可以找到一个"msblast. exe"的进程在运行。一旦出现以上现象，可以先用杀毒软件将该病毒清除，然后到"http://www. microsoft. corn/china/security/Bulletins/msblaster. asp"下载并安装补丁程序，再升级本机病毒库。

（2）木马病毒

特洛伊木马（TrojanHorse）原指古希腊士兵藏在木马内进入敌方城市从而攻占城市的故事。木马病毒是指在正常访问的程序、邮件附件或网页中包含了可以控制用户计算机的程序，这些隐藏的程序非法入侵并监控用户的计算机，窃取用户的账号和密码等机密信息。

木马病毒一般通过电子邮件、即时通信工具（如 MSN 和 QQ 等）和恶意网页等方式感染用户的计算机，多数都是利用了操作系统中存在的漏洞。

例如"QQ 木马"，该病毒隐藏在用户的系统中，发作时寻找 QQ 窗口，给在线上的 QQ 好友发送诸如"快去看看，里面有……好东西"之类的假消息，诱惑用户点击一个网站，如果有人信以为真点击该链接的话，就会被病毒感染，然后成为毒源，继续传播。

现在有少数木马病毒加入了蠕虫病毒的功能，其破坏性更强。例如"安哥（Backdoor Agobot）"，又叫"高波病毒"，该病毒利用微软的多个安全漏洞进行攻击，最初仅仅是一种木马病毒，其变种加入了蠕虫病毒的功能，病毒发作时会造成中毒用户的计算机出现无法进行复制和粘贴等操作，无法正常使用如 Office 和 IE 浏览器等软件，并且大量浪费系统资源，使系统速度变慢甚至死机，该病毒还利用在线聊天软件开启后门，盗取用户正版软件的序列号等重要信息。

6.3.4　计算机病毒的传播途径

计算机病毒是一种特殊形式的计算机软件，与其他正常软件一样，在未被激活，即未被运行时，均存放在磁记录设备或其他存储设备中才得以被长期保留，一旦被激活又能四处传染。软盘、硬盘、磁带、光盘、ROM 芯片等存储设备都可能因载有计算机病毒而成为病毒的载体,像硬盘这种使用频率很高的存储设备,被病毒感染成为带毒硬盘的概率是很高的。虽然在绝大多数情况下没有必要为杀毒而进行低级格式化,但低级格式化却因清理了所有扇区,可彻底清除掉硬盘上隐藏的所有计算机病毒。

计算机病毒的传播首先要有病毒的载体,病毒通过载体进行传播。病毒是软件程序,是具有自我复制功能的计算机指令代码,编制计算机病毒的计算机是该病毒的第一个传染载体。由这台计算机作为传染源,该病毒通过各种渠道传播开去。计算机病毒的传染途径主要有:

1)非移动介质

是指通过通常不可移动的计算机硬件设备进行传染,这些设备有装在计算机内的 ROM 芯片、专用的 ASIC 芯片、硬盘等。即使是新购置的计算机,病毒也可能已在计算机的生产过程中进入了 ASIC 芯片组或在生产销售环节进入到 ROM 芯片或硬盘中。

2)可移动介质

这种渠道是通过可移动式存储设备,使病毒能够进行传染。可移动式存储设备包括软盘、光盘、可移动式硬盘、USB 等,在这些移动式存储设备中,软盘在早期计算机网络还不普及时是计算机之间互相传递文件使用最广泛的存储介质,因此,软盘也成了当时计算机病毒的主要寄生地。

3)计算机网络

人们通过计算机网络传递文件、电子邮件。计算机病毒可以附着在正常文件中,当用户从网络另一端得到一个被感染的程序并在其计算机上未加任何防护措施的情况下运行时,病毒就传染开了。目前 70% 的病毒都是通过强大的互联网肆意蔓延开的。当前,Internet 上病毒的最新趋势是:

(1)不法分子或好事之徒制作的匿名个人网页直接提供了下载大批病毒活样本的便利途径。

(2)学术研究的病毒样本提供机构同样可以成为别有用心的人的使用工具。

(3)由于网络匿名登录才成为可能的专门关于病毒制作研究讨论的学术性质的电子论文、期刊、杂志及相关的网上学术交流活动,如病毒制造协会年会等,都有可能成为国内外任何想成为新的病毒制造者学习、借鉴、盗用、抄袭的目标与对象。

(4)散见于网站上大批病毒制作工具、向导、程序等,使得无编程经验和有一定基础的人制造新病毒成为可能。

由于病毒的入侵,必然会干扰和破坏计算机的正常运行,从而产生种种外部现象。计算机系统被感染病毒后常见的症状如下:

(1)屏幕出现异常现象或显示特殊信息。

(2)喇叭发出怪音、蜂鸣声或演奏音乐。

(3)计算机运行速度明显减慢。这是病毒在不断传播、复制,消耗系统资源所致。

(4)系统无法从硬盘启动,但软盘启动正常。

(5)系统运行时经常发生死机和重启动现象。

(6)读写磁盘时嘎嘎作响并且读写时间变长,有时还出现"写保护"的提示。

（7）内存空间变小，原来可运行的文件无法装入内存。

（8）磁盘上的可执行文件变长或变短，甚至消失。

（9）某些设备无法正常使用。

（10）键盘输入的字符与屏幕反射显示的字符不同。

（11）文件中无故多了一些重复或奇怪的文件。

（12）网络速度变慢或者出现一些莫名其妙的连接。

（13）电子邮箱中有不明来路的信件。这是电子邮件病毒的症状。

6.3.5 计算机病毒的清除与预防

1）计算机病毒的清除

当发现计算机出现异常现象时，应尽快确认计算机系统是否感染了病毒，如有病毒应将其彻底清除。一般有以下几种清除病毒的方法。

（1）使用杀毒软件

使用杀毒软件来检测和清除病毒，用户只需按照提示来操作即可完成，简单方便。常用的杀毒软件有：金山毒霸、瑞星杀毒软件、诺顿防毒软件、江民杀毒软件、卡巴斯基等。

这些杀毒软件一般都具有实时监控功能，能够监控所有打开的磁盘文件、从网络上下载的文件以及收发的邮件等，当检测到计算机病毒，就能立即给出警报。对于压缩文件无须解压缩即可查杀病毒；对于已经驻留在内存中的病毒也可以清除。由于病毒的防治技术总是滞后于病毒的制作，所以并不是所有病毒都能得以马上清除。如果杀毒软件暂时还不能清除该病毒，也会将该病毒隔离起来，以后升级病毒库时将提醒用户是否继续该病毒的清除。

（2）使用专杀工具

现在一些反病毒公司的网站上提供了许多病毒专杀工具，用户可以免费下载这些查杀工具对某个特定病毒进行清除。如图6-1所示为流行病毒专杀工具。

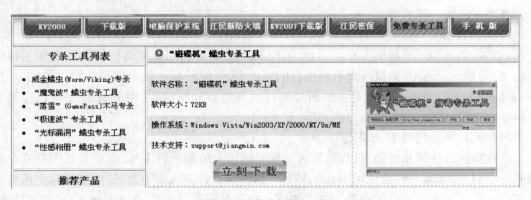

图6-1 流行病毒专杀工具

（3）手动清除病毒

这种清除病毒的方法要求操作者对计算机的操作相当熟练，具有一定的计算机专业知识，利用一些工具软件找到感染病毒的文件，手动清除病毒代码。此方法一般用户不适合采用。

2）计算机病毒的预防

计算机病毒预防是指在病毒尚未入侵或刚刚入侵时,就拦截、阻击病毒的入侵或立即报警。主要有以下几个预防措施:

（1）不要随意使用外来的软盘,必须使用时务必先用杀毒软件扫描,确信无毒后方可使用。

（2）安装实时监控的杀毒软件或防毒卡,定期更新病毒库。

（3）经常安装操作系统的补丁程序。

（4）安装防火墙工具,设置相应的访问规则,过滤不安全的站点访问。

（5）不要到网上随意下载程序或资料,不要随意打开来历不明的电子邮件及附件。

（6）不要随意安装来历不明的插件程序。

（7）不要随意打开陌生人传来的页面链接,谨防恶意网页中隐藏的木马病毒。

（8）对重要的数据和程序应做独立备份,以防万一。

6.4　黑客与网络攻防

黑客(Hacker)一般指的是计算机网络的非法入侵者,他们大都是程序员,对计算机技术和网络技术非常精通,了解系统的漏洞及其原因所在,喜欢非法闯入并以此作为一种智力挑战而沉醉其中。有些黑客仅仅是为了验证自己的能力而非法闯入,并不一定会对信息系统或网络系统产生破坏作用,但也有很多黑客非法闯入是为了窃取机密的信息、盗用系统资源或出于报复心理而恶意毁坏某个信息系统等。为了尽可能地避免受到黑客的攻击,我们有必要先了解黑客常用的攻击手段和方法,然后才能有针对性地进行预防。

6.4.1　黑客的攻击步骤

黑客攻击的一般步骤:

1）信息收集

信息收集是为了了解所要攻击目标的详细信息,黑客利用相关的网络协议或实用程序来收集,例如,用 SNMP 协议可查看路由器的路由表,了解目标主机内部拓扑结构的细节,用 TraceRoute 程序可获得到达目标主机所要经过的网络数和路由数,用 Ping 程序可以检测一个指定主机的位置并确定是否可到达等。

2）探测分析系统的安全弱点

在收集到目标的相关信息以后,黑客会探测网络上的每一台主机,以寻找系统的安全漏洞或安全弱点,黑客一般会使用 Telnet、FTP 等软件向目标主机申请服务,如果目标主机有应答就说明开放了这些端口的服务。其次使用一些公开的工具软件,如 Internet 安全扫描程序 ISS(Internet Security Scanner)、网络安全分析工具 SATAN 等来对整个网络或子网进行扫描,寻找系统的安全漏洞,获取攻击目标系统的非法访问权。

3）实施攻击

在获得了目标系统的非法访问权之后,黑客一般会实施以下的攻击:

（1）试图毁掉入侵的痕迹，并在受到攻击的目标系统中建立新的安全漏洞或后门，以便在先前的攻击点被发现以后能继续访问该系统。

（2）在目标系统安装探测器软件，如特洛伊木马程序，用来窥探目标系统的活动，继续收集黑客感兴趣的一切信息，如账号与口令等敏感数据。

（3）进一步发现目标系统的信任等级，以展开对整个系统的攻击。

（4）如果黑客在被攻击的目标系统上获得了特许访问权，那么他就可以读取邮件，搜索和盗取私人文件，毁坏重要数据以至破坏整个网络系统，那么后果将不堪设想。

6.4.2 防止黑客攻击的策略

1）数据加密

加密的目的是保护信息系统的数据、文件、口令和控制信息等，同时也可以保护网上传输数据的可靠性，这样即使黑客截获了网上传输的信息包一般也无法得到正确的信息。

2）身份认证

通过密码或特征信息等来确认用户身份的真实性，只对确认了的用户给予相应的访问权限。

3）建立完善的访问控制策略

系统应当设置入网访问权限、网络共享资源的访问权限、目录安全等级控制、网络端口和节点的安全控制、防火墙的安全控制等，通过各种安全控制机制的相互配合，才能最大限度地保护系统免受黑客攻击。

4）审计

把系统中和安全有关的事件记录下来，保存在相应的日志文件中，例如记录网络上用户的注册信息，如注册来源、注册失败的次数等，记录用户访问的网络资源等各种相关信息，当遭到黑客攻击时，这些数据可以用来帮助调查黑客的来源，并作为证据来追踪黑客，也可以通过对这些数据的分析来了解黑客攻击的手段以找出应对的策略。

5）其他安全防护措施

首先不要随便从 Internet 上下载软件，不运行来历不明的软件，不随便打开陌生人发来的邮件中的附件。其次要经常运行专门的反黑客软件，可以在系统中安装具有实时检测、拦截和查找黑客攻击程序用的工具软件，经常检查用户的系统注册表和系统启动文件中的自启动程序项是否有异常，做好系统的数据备份工作，及时安装系统的补丁程序等。

6.5 防火墙技术简介

在网络信息时代，如果一个内部网络接入 Internet，它的用户可以访问外部网络并与之通信，同时，外部网络也同样可以访问该内部网络并与之交互。为安全起见，可在内部网络与外部网络之间增加一个中间系统以提供一道安全屏障，这道安全屏障的作用就是阻断来自外部网络对内部网络的威胁和入侵，提供保护内部网络安全和审计的关卡。

6.5.1　防火墙的定义

在计算机网络中,防火墙是一种装置,它是由软件或硬件设备组合而成,通常设置在可信任的内部网络和不可信任的外部网络之间,限制外部网络对内部网络的访问以及管理内部网络用户访问外部网络的权限。常见的防火墙结构如图 6-2 所示。

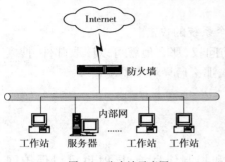

图 6-2　防火墙示意图

防火墙是在内部网和外部网之间实施安全防范的系统(含硬件和软件),也可被认为是一种访问控制机制,用于确定哪些内部服务可被外部访问。由此可见,当我们与 Internet 相连的内部网有安全要求时,防火墙是必须考虑的安全保护设施。防火墙有两种基本保护原则:一种是未被允许的均为禁止,这时防火墙封锁所有的信息流,然后对希望的服务逐项开放。这种原则安全性高,但使用不够方便。第二种原则是未被禁止的均为允许,这时防火墙转发所有的信息流,再逐项屏蔽可能有害的服务。这种原则使用方便,但安全性容易遭到破坏。

防火墙通过这种规则或策略来达到控制和有限程度地防止攻击,但由于它假设了网络边界的存在,它只是一种被动防范技术,难以对内部的非法访问进行有效的控制。

6.5.2　防火墙的用途

目前,许多企业、单位都纷纷建立与 Internet 相连的内部网络,使用户可以通过网络查询信息。这时,企业的 Intranet 的安全性就会受到考验,因为网络上的不法分子在不断寻找网络上的漏洞,企图潜入内部网络。一旦 Intranet 被人攻破,一些重要的机密资料可能会被盗,网络可能会被破坏,将给网络所属单位带来难以预测的损害。

在逻辑上,防火墙是一个分离器,一个限制器,也是一个分析器,有效地监控了内部网和 Internet 之间的任何活动,保证了内部网络的安全。作为一个中心"遏制点",它可以将局域网的安全管理集中起来,屏蔽非法请求,防止跨权限访问并产生安全报警。具体地说,防火墙有以下一些功能:

(1)作为网络安全的屏障。

防火墙由一系列的软件和硬件设备组合而成,它保护网络中有明确闭合边界的一个网块。所有进出该网块的信息,都必须经过防火墙,将发现的可疑访问拒之门外。当然,防火墙也可以防止未经允许的访问进入外部网络。因此,防火墙的屏障作用是双向的,即进行内外网络之间的隔离,包括地址数据包过滤、代理和地址转换。

(2)强化网络安全策略。

防火墙能将所有安全软件(如口令、加密、身份认证、审计等)配置在防火墙上,形成以防火墙为中心的安全方案。与将网络安全问题分散到各个主机上相比,防火墙的集中安全管理更经济。例如在网络访问时,一次一密口令系统和其他的身份认证系统完全可以不必分散在各个主机上,而只集中在防火墙身上。

（3）对网络存取和访问进行监控审计。

如果所有的访问都经过防火墙，防火墙就能记录下这些访问并做出日志记录，同时也能提供网络使用情况的统计数据。当发生可疑动作时，防火墙能进行适当的报警，并提供网络是否受到监测和攻击的详细信息。

（4）防止攻击性故障蔓延和内部信息的泄露。

防火墙也能够将网络中一个网块（也称网段）与另一个网块隔开，从而限制了局部重点或敏感网络安全问题对全局网络造成的影响。此外，隐私是内部网络非常关心的问题，一个内部网络中不引人注意的细节可能包含了有关安全的线索，而引起外部攻击者的兴趣，甚至因此而暴露了内部网络的某些安全漏洞。使用防火墙就可以隐蔽那些透漏内部细节，如Finger、DNS等服务。

6.5.3　防火墙的局限

（1）防火墙可能留有漏洞。

防火墙应当是不可渗透或绕过的。实际上，防火墙往往会留有漏洞。如图6-3所示，如果内部网络中有一个未加限制的拨出，内部网络用户就可以（用向 ISP 购买等方式）通过SLIP（Serial Line Internet Protocol，串行链路网际协议）或 PPP（Pointer-to-Pointer protocol，点到点协议）与 ISP 直接连接，从而绕过防火墙。

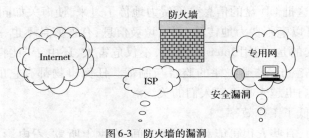

图6-3　防火墙的漏洞

由于防火墙依赖于口令，所以防火墙不能防范黑客对口令的攻击。所以美国马德里兰州的一家计算机安全咨询机构负责人诺尔·马切特说："防火墙不过是一道较矮的篱笆墙。"黑客像耗子一样，能从这道篱笆墙上的窟窿中出入。这些窟窿常常是人们无意中留下来的，甚至包括一些对安全性有清醒认识的公司。

（2）防火墙不能防止内部出卖性攻击或内部误操作。

当内部人员将敏感数据或文件拷贝在优盘等移动存储设备上提供给外部攻击者时，防火墙是无能为力的。此外，防火墙也不能防范黑客伪装成管理人员或新职工，以骗取没有防范心理的用户的口令或假用他们的临时访问权限实施的攻击。

（3）防火墙不能防止数据驱动式的攻击。

有些数据表面上看起来无害，可是当它们被邮寄或拷贝到内部网的主机中后，就可能会发起攻击，或为其他入侵准备好条件。这种攻击就称为数据驱动式攻击。防火墙无法防御这类攻击。

（4）不能防范全部的威胁。

防火墙被用来防范已知的威胁，一个很好的防火墙设计方案可以防范某些新的威胁，但没有一个防火墙能自动防御所有的新的威胁。

（5）防火墙不能防范病毒。

防火墙不能防范从网络上传染来的病毒，也不能消除计算机已存在的病毒。无论防火墙多么安全，用户都需要一套防毒软件来防范病毒。

6.6   计算机职业道德规范

6.6.1   计算机网络道德的现状与问题

随着 Internet 更大范围的普及，网络文化已经融入了人们的生活。作为一种技术手段，Internet 本身是中性的，用它可以做好事，也可能被用来做坏事。这里讲述两个发生在北京大学的真实例子。1995 年，北大的一位学生为挽救生命垂危的同学，在 Internet 上发出一个求救的 E-mail 得到全球 1000 多名医学专家的"网上会诊"，使病危的同学转危为安。还是在北大，一位学生在妒忌心的驱使下，通过 Internet，假冒自己的同窗拒绝了美国密执安大学的入学邀请，使同窗痛失出国深造的机会。

《数字化生存》的作者尼葛洛庞帝举了这样一个例子。他到加拿大参加一个研讨会，会议需要展示的一批音乐、电影、电子游戏的 CD 盘在加拿大海关被扣留。然而他在旅馆房间里却通过 Internet 把这批 CD 盘的信息毫不费力地传了过来，使海关如同虚设。

既然学术信息可以毫不费力地传输，那么垃圾信息、有害信息不也一样能够毫不费力地传输吗？更令人不安的是，利用 Internet 犯罪，不仅危害大，还由于"比特（Bit）"在网上的特殊传输形式而容易钻空子，逃避法律的监督与制裁。任何事物都有它的两面性，Internet 也是一样，它的负面影响也越来越引起人们的关注。

1）滥用网络，降低了工作效率

网络极具诱惑力，有些人很可能利用上班时间，在网上听歌，看电影、看小说、玩游戏，甚至可以购物、网上炒股。还有一些人喜欢浏览网上的信息，工作时间不知不觉在网上"挂"了好几个小时，其工作效率当然会因此大打折扣。

2）网络充斥了不健康的信息，人们会受到不良思潮的影响

由于网络的无国界性，不同国家、不同社会的信息一齐汇入互联网，一些严重违反我国公民道德标准的宣传暴力的、色情的、甚至是反动的网站遍布互联网。如果群众的道德觉悟不高，则很容易受到伤害，并可能产生危害社会安全的不良反应。

3）网络犯罪

网络犯罪主要包括，严重违反我国互联网管理条例的行为，如利用网络窃取他人财物的犯罪行为、利用网络破坏他人网络系统的行为等。一个单位如果遭到网络犯罪的袭击，轻者系统瘫痪，重者会遭受巨大的经济、政治等方面的损失。另外，网络犯罪还会给使用网络的单位带来许多法律纠纷，使单位陷入沼泽。某人上网时做出了不道德，甚至是犯法的事，一旦被追究，往往最容易查到的就是该人的上网地址，如果这个人是利用单位的网络进行的犯罪行为，这将使单位陷入尴尬的境地。目前许多网站都拥有追踪访问者来源，分辨访问者所在单位的能力。世界各国的网络犯罪给使用网络的单位敲响了警钟。如何

防止自己的员工利用单位的网络进行网络犯罪,如何教育员工安全操作,杜绝他人的网络犯罪侵害单位的网络安全及信息安全? 这些问题尤其应引起使用网络的单位的足够重视。

(1)国际计算机犯罪事例

例6-1 用计算机"抢劫"银行。1994年俄罗斯黑客弗拉基米尔与同伙从圣彼得堡的一家软件公司的联网计算机上,通过电子转账方式,从美国CITY BANK银行在纽约的计算机主机中窃取了1100万美元。据银行内部透露,用计算机"抢劫"银行犯罪揭露出来的只是"冰山一角",许多银行事发后,为了自己的信誉,根本就不声张。

例6-2 20世纪80年代,美国年仅15岁的少年莫尼卡成功破译北美防空指挥中心的计算机密码,非法侵入该系统。之后,他在指着计算机中核弹头的名称、数量和位置向同伴们炫耀时,令同伴们一个个目瞪口呆,对他佩服得五体投地。

例6-3 英国电脑奇才贝文,14岁就成功非法侵入英国电信公司电脑系统,大打免费电话。后来他出入世界上防范最严密的系统如入无人之境,如美国空军、美国宇航局和北约的网络。1996年因涉嫌侵入美国空军指挥系统,被美国中央情报局指控犯有非法入侵罪。

(2)国内计算机犯罪事例

例6-4 1999年2月,广州人吕某利用盗用他人网络账号侵入中国公众多媒体通信网广州主机,进行了一系列非法活动,包括窃取系统最高权限,非法开设最高权限账号,三次修改系统密码,造成主机失控15h的严重后果。

例6-5 2000年6月,上海某信息网的工作人员在例行检查时,发现网络遭黑客袭击。经调查,该黑客曾多次侵入网络中的8台服务器,破译了大多数工作人员和500多个合法用户的账号和密码。最后,犯罪嫌疑人杨某以"破坏计算机系统"罪名被逮捕。据悉,杨某是国内某著名高校计算数学专业的研究生。

4)网络病毒

病毒在网络中的传播危害性更大,它可以引起的企业网络瘫痪、重要数据丢失以及给单位造成重大的损失。这看似是使用网络中的防范病毒的技术问题,但是网络中病毒的传播与单位员工和单位管理人员的社会道德观念是分不开的。一方面,有些人出于各种目的制造和传播病毒;另一方面广大的用户在使用盗版软件、收发来历不明的电子邮件及日常工作中的拷贝文件都有可能传播和扩散病毒。值得注意的是,有些员工使用企业的计算机与使用自己的电脑时,对病毒的防范意识往往有明显的不同。

例6-6 2003年1月英国22岁的网页设计师Simon Vallor因制造并传播Gokar、Redesi和Admirer等三种邮件病毒,造成感染了42个国家逾2.7万台计算机的后果,而被判处两年有期徒刑。

5)窃取、使用他人的信息成果

互联网为人类带来了方便和快捷,同时也为网络知识产权的道德规范埋下了众多的隐患。一方面,我国无论是管理者还是普通的公民在信息技术知识产权方面的保护意识还不够。另一方面许多人在信息技术(软件、信息产品等)侵权问题中扮演了不道德的角色,使用盗版软件、随意拷贝他人网站的信息技术资料。

6）制造信息垃圾

互联网可以说是信息的海洋,随着网络的发展,许多有用的或无用的信息经常被人们成百上千次地复制、传播。

6.6.2　计算机网络道德建设

计算机网络的发展为人类的道德进步提供了难得的机遇,与此同时,也引发了许多前所未有的网络道德规范问题。加强网络道德建设,确立与社会进步要求相适应的网络道德和规范体系,尤为重要和紧迫。

1）建立自主型道德

传统社会由于时空限制,交往面狭窄,在一定的意义上是一个"熟人社会"。依靠熟人(朋友、亲戚、邻里、同事等)的监督,摄于道德法律手段的强大力量,传统道德相对得到较好的维护,人们的道德意识较为强烈,道德行为相对严谨。然而网络社会更多的是"非熟人社会",在这个以因特网技术为基础的,需要更少人干预、过问、管理控制的网络道德环境下,要求人们的道德行为有更高的自律性,自我约束和自我控制,网络道德是一种自主型的道德。鉴于网络社会的特殊性,更加要求网络主体具有较高的道德素质。这时道德已从约束人们的力量提升到人们自觉寻求解决人类问题的一种重要手段,是人们为提升人格所追求的一种理想境界。因此网络主体能否成为真正的道德主体,是建立自主型道德的首要任务,也是网络道德建设的核心内容。

2）确定网络道德原则

网络社会的特点决定了网络道德的首要原则是平等。网络社会不像现实社会,人们的社会地位、拥有的财富、所受的教育和出身等诸多因素影响着一个人的学习和生活。无论其在现实社会中的情况如何,而在网络交往中,他们都是平等的。对于网络的资源,每个网络用户都拥有大致相同的权利。一定的网络,它的最高带宽是一定的,任何人网络传递的速度都无法超过带宽的限制。网络上普通的信息一般任何人都可以进行检索浏览,没有人可以享受特权。从这个角度说,网络社会比现实社会更有条件实现人类的最终平等。所以,网络道德的确定原则应该满足平等、自由和共享的原则。

3）明确网络用户行为规范

可以说,遵守一般的、普遍的网络道德,是当代世界各国从事信息网络工作和活动的基本"游戏规则",是信息网络社会的社会公德。为维护每个网民的合法权益,大家必须用网络公共道德和行为规范约束自己,由此而产生了网络文化。

（1）网络礼仪

网络礼仪的主要内容有:使用电子邮件时应遵循的规则;上网浏览时应遵守的规则;网络聊天时应该遵守的规则;网络游戏时应该遵守的规则;尊重软件知识产权。

网络礼仪的基本原则是:自由和自律。

（2）行为守则

在网上交流,不同的交流方式有不同的行为规范,主要交流方式有:"一对一"方式(如E-mail)、"一对多"方式(如电子新闻)、"信息服务提供"方式(如 WWW、FTP)。不同的交流方式有不同的行为规范。

①"一对一"方式交流行为规范。

不发送垃圾邮件;不发送涉及机密内容的电子邮件;转发别人的电子邮件时,不随意改动原文的内容;不给陌生人发送电子邮件,也不要接收陌生人的电子邮件;不在网上进行人身攻击,不讨论敏感的话题;不运行通过电子邮件收到的软件程序。

②"一对多"方式交流行为规范。

将一组中全体组员的意见与该组中个别人的言论区别开来;注意通信内容与该组目的的一致性,如不在学术讨论组内发布商业广告;注意区分"全体"和"个别";与个别人的交流意见不要随意在组内进行传播,只有在讨论出结论后,再将结果摘要发布给全组。

③以信息服务提供方式交流行为准则。

要使用户意识到,信息内容可能是分开发的,也可能针对特定的用户群。因此,不能未经许可就进入非开放的信息服务器,或使用别人的服务器作为自己信息传送的中转站,要符合道德信息服务器管理员的各项规定。

6.6.3　软件知识产权

计算机软件(是指计算机程序及其有关文档)的研制和开发需要耗费大量的人力、物力和财力,是脑力劳动的创造性产物,是研制者智慧的结晶。为了保护计算机软件研制者的合法权益,增强知识产权和软件保护意识,我国政府于 1991 年 6 月颁布了《计算机软件保护条例》,并于同年的 10 月 1 日起开始实施。这是我国首次将计算机软件版权列入法律保护的范围。

《计算机软件保护条例》第十条指出:计算机软件的著作权属于软件开发者。与一般著作权一样,软件著作权包括了人身权和财产权。人身权是指发表权、开发者身份权;财产权是指使用权、许可权和转让权。第三条说明了"软件开发者"这一用语的含义:"指实际组织、进行开发工作,提供工作条件以完成软件开发,并对软件承担责任的法人或者非法人单位;依靠自己具有的条件完成软件开发,并对软件承担责任的公民"。

《计算机软件保护条例》第三十条指出下述情况属于侵权行为:

(1)未经软件著作权人同意发表其软件作品。

(2)将他人开发的软件当作自己的作品发表。

(3)未经合作者同意,将与他人合作开发的软件当作自己单独完成的作品发表。

(4)在他人开发的软件上署名或者涂改他人开发的软件上的署名。

(5)未经软件著作权人或者其合法受让者的同意,修改、翻译、注释其软件作品。

(6)未经软件著作权人或者其合法受让者的同意,复制或者部分复制其软件作品。

(7)未经软件著作权人或者其合法受让者的同意,向公众发行、展示其软件的复制品。

(8)未经软件著作权人或者其合法受让者的同意,向任何第三方办理其软件的许可使用或者转让事宜。

用户如果有上述侵权行为,将按其情节轻重"承担停止侵害、消除影响、公开赔礼道歉、赔偿损失等民事责任,并可以由国家软件著作权行政管理部门给予没收非法所得、罚款等行政处罚"。违法行为特别严重者,还将承担刑事责任。

习　题　6

一、单项选择题

1. 下列关于计算机病毒的叙述中,有错误的一条是(　　　)。
    A. 计算机病毒是一个标记或一个命令
    B. 计算机病毒是人为制造的一种程序
    C. 计算机病毒是一种通过磁盘、网络等媒介传播、扩散、并能传染其他程序的程序
    D. 计算机病毒是能够实现自身复制,并借助一定的媒体存在的具有潜伏性、传染性和破坏性的程序

2. 为防止计算机病毒的传播,在读取外来 U 盘上的数据或软件前应该(　　　)。
    A. 先检查硬盘有无计算机病毒,然后再用
    B. 把 U 盘加以写保护(只允许读,不允许写),然后再用
    C. 先用查毒软件检查该软盘有无计算机病毒,然后再用
    D. 事先不必做任何工作就可用

3. 下面列出的四项中,不属于计算机病毒特征的是(　　　)。
    A. 免疫性　　　　　　B. 潜伏性　　　　　　C. 激发性　　　　　　D. 传播性

4. 计算机发现病毒后最彻底的消除方式是(　　　)。
    A. 用查毒软件处理　　　　　　　　　　B. 删除磁盘文件
    C. 用杀毒药水处理　　　　　　　　　　D. 格式化磁盘

5. 计算机犯罪中的犯罪行为实施者是(　　　)。
    A. 计算机硬件　　　　B. 计算机软件　　　　C. 操作者　　　　D. 微生物

6. 通常应将不再写入数据的 U 盘(　　　),以防止病毒的传染。
    A. 不用　　　　　　B. 加上写保护　　　　C. 不加写保护　　　　D. 随便用

7. 下列叙述中,不正确的是(　　　)。
    A. "黑客"是指黑色的病毒　　　　　　B. 计算机病毒是一种破坏程序
    C. CIH 是一种病毒　　　　　　　　　　D. 防火墙是一种被动式防卫软件技术

8. 抵御电子邮箱入侵措施中,不正确的是(　　　)。
    A. 不用生日做密码　　　　　　　　　　B. 不要使用少于 5 位的密码
    C. 不要使用纯数字　　　　　　　　　　D. 自己做服务器

二、填空题

1. 网络安全的关键是网络中的_____安全。

2. 计算机病毒是一段可执行代码,它不单独存在,经常是附属在_____的起、末端,或磁盘引导区、分配表等存储器件中。

3. 当前抗病毒的软、硬件都是根据_____的行为特征研制出来的,只能对付已知病毒和它的同类。

4. 防火墙技术从原理上可以分为_____技术和_____技术。

5. 我国于 1991 年首次在《＿＿＿＿＿＿》中把计算机软件作为一种知识产权列入法律保护的范畴。

三、简答题

1. 什么是计算机安全？计算机安全的内容是什么？

2. 什么是计算机病毒？它有哪些特征？

3. 计算机病毒有哪些传播途径？列举 3～5 个感染计算机病毒的常见症状。

4. 发现计算机感染上病毒后应当如何处理？

5. 什么是网络黑客？黑客入侵的目的主要有哪些？

6. 什么是防火墙？防火墙有哪些局限？

参 考 文 献

[1] 仲萃豪，冯玉琳，陈友君．程序设计方法学[M]．北京:科学技术出版社,1985.

[2] (美)傅雷森．程序设计方法[M]．北京:人民邮电出版社,2003.

[3] 白旭红．计算机程序设计方法与应用[M]．北京:北京科学技术出版社,1994.

[4] 李传湘．程序设计方法学[M]．武汉:武汉大学出版社,2000.

[5] 重庆市计算机等级考试系列教材编审委员会．大学计算机基础[M]．北京:中国铁道出版社,2011.

[6] 李志蜀．大学计算机基础[M]．北京:高等教育出版社,2004.

[7] 杨振山,龚沛曾．大学计算机基础[M]．北京:高等教育出版社,2005.

[8] 冯博琴．大学计算机基础[M]．北京:清华大学出版社,2004.

[9] 王移芝,罗四维．大学计算机基础[M]．北京:高等教育出版社,2004.

[10] 谢希仁．计算机网络[M]．北京:电子工业出版社,1999.

[11] 洪汝渝,郭桦涛．大学计算机基础[M]．重庆:重庆大学出版社,2004.

[12] 李秀．计算机文化基础[M]．北京:清华大学出版社,2003.

[13] 周建丽,潘林森,刘明鉴．计算机应用基础[M].6版．重庆:重庆大学出版社,2015.

[14] 周建丽．大学计算机基础[M]．北京:中国铁道出版社,2012.

[15] 周建丽．大学计算机基础实训[M]．北京:中国铁道出版社,2012.

[16] 郭松涛．计算机文化基础[M]．北京:高等教育出版社,2002.

[17] 蒋加伏,沈岳．计算机文化基础[M]．北京:北京邮电大学出版社,2003

[18] 王志强．大学计算机应用基础[M]．北京:清华大学出版社,2005.

[19] 耿国华．计算机基础教程[M]．北京:电子工业出版社,2003

[20] (美)斯大林(Stallings,W.)．数据与计算机通信[M]王海,译.6版．北京:电子工业出版社,2001.

[21] 贾宗福．新编大学计算机基础教程[M].3版．北京:中国铁道出版社,2014.

[22] 王冬．中文版 Photoshop CS 圣经[M]．北京:人民邮电出版社,2014.